T0135518

DIE NATÜRLICHEN GRUNDLAGEN DER MATHEMATIK

Im Geiste Dedekinds, Zermelos und Wittenbergs

dargestellt von

Helmut Bender

Weil. o. Prof. für Mathematik an der Universität Kiel

Bibliografische Information der Deutschen Nationalbibliothek

Die Deutsche Nationalbibliothek verzeichnet diese Publikation in der
Deutschen Nationalbibliografie; detaillierte bibliografische Daten sind
im Internet über http://dnb.d-nb.de abrufbar.

ISBN 978-3-8325-4072-2

Logos Verlag Berlin GmbH
Comeniushof, Gubener Str. 47,
10243 Berlin
Tel.: +49 (0)30 42 85 10 90
Fax: +49 (0)30 42 85 10 92
INTERNET: http://www.logos-verlag.de

INHALT

Einführung.

Die Elimination des naiven Konvergenzbegriffs, mittels expliziter Definition, ist der erste wirkliche Beitrag zum Thema *Grundlagen der Mathematik*.

Analog eliminiert Dedekind das Endliche, mitsamt natürlichen Zahlen, Induktion, Iteration, Folgen; auf einer neuen begrifflichen Basis, *Mengen und Abbildungen*, wie sie bis heute der Mathematik zugrundeliegen.

Elimination heißt Vergessen plus Rekonstruktion des Vergessenen in einer *Synthese*, mit geeigneten Begriffsbildungen und Annahmen, nahegelegt durch eine vorausgehende *Analyse* der Mathematik, so wie sie sich dem objektiven Auge darbietet.

Was nicht mehr dem Vergessen anheimfallen kann, weil die Rekonstruktion ohne das Vergessene nicht zu bewältigen ist, nenne ich *Reine Logik*.

In diesem Restbestand mathematischer Sprachkultur äußern sich Menschen *in* Aussagen *über* Aussagen, allein mit den Worten *und, oder, wenn/dann* und ihren Synonymen. Darin werden dann die mathematischen Grundbegriffe verankert, *Objekt, Bereich, Abbildung*. Sie sind also rein sprachlicher Natur.

Wie bei den Beispielen *Konvergenz* und *Endlichkeit* stellt sich schließlich die Frage, ob und wie das Vergessene sich auf der tieferen Grundlage wieder rekonstruieren läßt, und weil nun alles auf einmal vergessen wurde, steht somit die gesamte real existierende Mathematik auf dem Prüfstand. Eigentlich wie bei Dedekind, denn schon das Endliche durchzieht die gesamte Mathematik.

Die Synthese beginnt in Teil III, sie verzweigt sich in Teil IV und V, und die ihr vorausgehende Analyse findet in Teil II statt, im Rahmen einer Gesamtschau auf das Grundlagenthema. Vorbild ist Dedekinds Analyse der „Zahlenreihe N" im *Kefersteinbrief* [II.1], und seine Synthese, der „Aufbau" des Zahlensystems, findet sich in Teil I, in zeitgemäßem algebraischen Gewande, in einer gewissen Abrundung. Es gibt später (fast) keinen expliziten Bezug mehr auf Teil II, daraus resultierende Wiederholungen möge der Leser verzeihen.

In einer systematischen Darstellung der Mathematik auf dem in III–V entwickelten Fundament wäre das Zahlensystem das nächste Thema. Es bietet sich daher an, Teil I als erstes auf den „Prüfstand" zu stellen, exemplarisch für die gesamte r. e. Mathematik.

Es liegt in der Natur der Sache, daß der Leser eine gewisse Vertrautheit mit dem haben sollte, dessen Grundlagen hier „tiefergelegt" werden sollen, mit dem also, was ich gerne *r. e. Mathematik* nenne, auch *Cantors Paradies*. Vor allem wende ich mich an Mathematiker, die mit ihrem Verständnis der logischen und begrifflichen Grundlagen ihres Faches nicht ganz zufrieden sind.

Gewidmet sei dies Büchlein dem Andenken an die deutsche Universität.

Aufbau des Zahlensystems

Nach einer im WS 2005/06 an der Universität Kiel gehaltenen Vorlesung.

*Gebt mir eine unendliche Menge, und ich gebe euch eure Zahlen
mit allem was dazugehört.*

Mit diesen Worten hätte Dedekind seinen Beitrag zum Thema *Zahlen*
beschreiben können.

1872: *Stetigkeit und irrationale Zahlen.*

1888: *Was sind und was sollen die Zahlen?*

Das klarzumachen ist die Aufgabe, und zwar so, wie Dedekind es uns aufgegeben
hat: auf der Basis natürlicher Allgemeinbegriffe, das begriffliche Schließen dem
rechnerischen vorziehend, das *Innerliche* dem *Äußerlichen* in der Mathematik.

Dedekind erwartet von seinen Lesern „außer dem gesunden Menschenverstande noch einen sehr starken Willen, um Alles vollständig durchzuarbeiten".

Statt eines starken Willens, der in der Tat manchmal nötig sein mag, um
sich durch langweilige Rechnungen zu quälen, setze ich die Begriffe *Gruppe,
Ring, Körper, geordnete Menge, Automorphismengruppe, Endomorphismenring*
voraus, mit ihrem unmittelbaren Umfeld, und neben dem üblichen Umgang mit
Mengen und *Abbildungen* natürlich, welche von Dedekind erstmals explizit einer
mathematischen Betrachtung zugrunde gelegt wurden.

Die angesprochene Begriffswelt etablierte sich erst im Laufe des 20. Jahr-
hunderts im mathematischen Denken, und in ihr lassen sich die Dinge in ihrer
natürlichen Einfachheit darstellen.

Folgendes ist als ein ganz gewöhnliches Stück moderner Mathematik
anzusehen, eine Ansammlung von Definitionen, Sätzen und Beweisen; mit der
kleinen Einschränkung natürlich, daß nirgends von „Zahlen" die Rede ist und
nichts einen anschaulichen Endlichkeitsbegriff involviert. Auf Historisches und
Mathematikphilosophisches wird später eingegangen.

1. Vervollständigung archimedisch und dicht geordneter Gruppen.

1.1. In diesem § 1 ist G eine *geordnete Gruppe*, d. h. eine abelsche Gruppe $G \neq 0$ ($\neq 1$ bei multiplikativer Notation) zusammen mit einer

$$x \leq y \;\Rightarrow\; x + a \leq y + a,$$

genügenden linearen Ordnungsrelation $\leq$.

FOLGERUNGEN.

(a) Für jedes $a \in G$ ist die Abbildung $x \to x + a$ ein Automorphismus der geordneten Menge G: $\quad x \leq y \;\Leftrightarrow\; x + a \leq y + a$.

(b) Und $x \to -x$ ist ein Anti-Automorphismus: $\quad x \leq y \;\Leftrightarrow\; -x \geq -y$.

(c) Genau dann ist eine Untergruppe unten beschränkt, wenn sie oben beschränkt ist (und G selbst ist unbeschränkt).

(d) $s \leq x, \; t \leq y \;\Rightarrow\; s + t \leq x + y$.

1.2. BEZEICHNUNGEN.

G *dicht*: Zu $a < b$ existiert u mit $a < u < b$.

U *dicht in* G: u kann immer in U ($\subseteq G$) gewählt werden.

G *archimedisch*: Untergruppen $\neq 0$ sind unbeschränkt.

G *vollständig*: Jede unten beschränkte nichtleere Teilmenge hat ein Infimum (gleichwertig: oben ... Supremum, denn ein Supremum/Infimum ist ein Infimum/Supremum der Menge der oberen/unteren Schranken).

$\mathrm{Min}(X)$ ist die Menge aller Minima von X ($\subseteq G$), und $\min(X)$ ist das Minimum von X falls $\mathrm{Min}(X) \neq \emptyset$ (analog: $\mathrm{Max}(X)$ und $\max(X)$).

$X + a = \{x + a \mid x \in X\}$ und $X + Y = \{x + y \mid x \in X, \; y \in Y\}$.

$G_a = G_{>a} = \{x \in G \mid x > a\}$.

$A \subseteq G$ ist ein (oberer) *Abschnitt* von G $\iff A \supseteq G_a$ für alle $a \in A$.

A ist *speziell*, wenn zusätzlich $\emptyset \neq A \neq G$ und $\mathrm{Min}(A) = \emptyset$, d. h. $G \setminus A$ ($\neq \emptyset, G$) ist die Menge der unteren Schranken von A.

$\mathrm{S}(G)$ ist die Menge aller speziellen Abschnitte.

$\mathcal{P}(M)$ ist die Menge aller Teilmengen einer Menge M.

Statt *geordnete Gruppe* sage ich auch *Geogruppe* (analog für geordnete Mengen, Ringe, Körper), *Halbgruppen* und *Ringe* haben ein Einselement, und ein *Integritätsring* ist kommutativ, nullteilerfrei und $\neq 0$.

Außer bei $X + a$, $X + Y$ und *archimedisch* könnte G oben auch einfach eine lineare Geomenge sein.

Jede Teilmenge einer Geomenge G ist bezüglich der gegebenen Ordnung wiederum eine Geomenge, sozusagen eine *Untergeomenge* von G.

Ankündigung: In § 5 werden G_a und *Abschnitt* umdefiniert.

1.3. Bemerkungen.

(a) Für Abschnitte X, Y gilt $X \subseteq Y$ oder $Y \subseteq X$.

(b) Eine Vereinigung von Abschnitten ist ein Abschnitt.

(c) Eine Vereinigung $\neq \emptyset, G$ von speziellen Abschnitten ist speziell.

(d) Bezüglich $\subseteq$ ist $\mathrm{S}(G)$ linear und vollständig [(a)(c)].

(e) Mit X ist auch $X + a$ speziell [1.1(a)].

(f) Mit X, Y ist auch $X + Y$ speziell [(c)(e)1.1(d)].

(g) $X + a = X + G_a$ in (e) $[x + a = x' + (a + x - x')$ mit $x' < x]$.

(h) Ist G dicht, so ist jedes G_a speziell und folglich [wegen (g)]
$$G_a + G_b = G_a + b = G_{a+b}.$$

(i) Für spezielle $X \supset Y$ und $a < b$ in $X \setminus Y$ gilt
$$X \supset G_a \supset G_b \supseteq Y.$$

(j) G sei dicht und X speziell. Aufgrund 1.1(b) ist dann auch
$$Y = -(G \setminus X \setminus \mathrm{Max}(G \setminus X))$$
speziell, denn $-Y$ ist ein unterer Abschnitt $\neq \emptyset, G$ ohne Maximum.

1.4. Satz. G sei dicht und archimedisch.

Bezüglich Addition [1.3(f)] und $X \leq Y \Leftrightarrow X \supseteq Y$ ist $\mathrm{S}(G)$ eine vollständige Geogruppe, $\gamma : a \to G_a$ ist ein Monomorphismus von G in $\mathrm{S}(G)$, und das Bild G^γ ist dicht in $\mathrm{S}(G)$.

Beweis. G_0 ist Nullelement [1.3(gh)], und mit G ist auch die Addition von Teilmengen assoziativ und kommutativ. Sei X speziell und Y wie in 1.3(j). Behaupte $X + Y = G_0$. Betrachte also $x \in X$ und $y \in Y$. Wegen $-y \notin X$ ist $-y < x$, d.h. $x + y \in G_0$. Nehme also $X + Y \subset G_0$ an.

Wähle $a, b \in G_0 \setminus X + Y$ mit $a < b$, also $a < b < x + y$, folglich $a - y < b - y < x$. Daher ist $a - y$ eine nichtmaximale untere Schranke von X, d.h. $y - a$ liegt in Y. Es folgt $Y \subseteq Y + a$ [$\subseteq Y$ wegen $a > 0$].

Die Untergruppe $H = \{h \in G \mid Y + h = Y\}$ von G ist somit $\neq 0$. Wegen $y + H \subseteq Y$ ist sie (wie Y) unten beschränkt, ein Widerspruch [1.1(c)].

Damit ist $\mathrm{S}(G)$ eine abelsche Gruppe. Die Regeln $a < b \Rightarrow G_a \supset G_b$ und $X \supseteq Y \Rightarrow X + A \supseteq Y + A$ sind trivial. Das übrige findet sich in 1.3(dhi).

1.5. Übungsaufgabe. Sei auch λ ein Monomorphismus von G in eine vollständige Geogruppe, etwa H, derart daß G^λ dicht in H ist.

Dann existiert genau ein Isomorphismus $\delta : \mathrm{S}(G) \to H$ mit $\lambda = \gamma\delta$.

2. Vervollständigung archimedisch geordneter Körper.

2.1. Ein *geordneter Körper* ist ein Körper K zusammen mit einer linearen Ordnungsrelation $\leq$ auf K, derart daß aus $x \leq y$ immer $x + a \leq y + a$ folgt sowie $xa \leq ya$ für $a > 0$, d.h. für $a, b > 0$ ist auch $ab > 0$.

Dann ist die additive Gruppe K^+ eine Geogruppe, ebenso der Abschnitt $K_0 = \{a \in K \mid a > 0\}$ bezüglich Multiplikation.

Neben den Automorphismen $x \to x + a$ ($a \in K$) hat die Geomenge K auch noch die Automorphismen $x \to xa$ ($a > 0$). Ihre Automorphismengruppe ist daher transitiv auf der Menge der Paare (x, y) mit $x < y$: durch Addition von $-x$ erhalten wir aus (x, y) ein Paar $(0, u)$ mit $0 < u$, und Multiplikation mit u^{-1} führt dann zu dem Paar $(0, 1)$.

Insbesondere ist K dicht [es gibt $x < u < y$ in K], d.h. K^+ ist dicht, und als Abschnitt von K ist auch K_0 dicht.

Natürlich bezieht sich *archimedisch* auf K^+, wie später bei Georingen.

2.2. LEMMA. Sei L eine Geogruppe und $\alpha : L_0 \to L_0$ mit

$$(u + v)\alpha = u\alpha + v\alpha \quad \text{für alle } u, v \in L_0.$$

Durch $0\alpha = 0$ und $(-u)\alpha = -u\alpha$ für $u \in L_0$ wird α dann zu einem Endomorphismus der Gruppe L fortgesetzt.

Beweis. Für $x, y \in L$ ist $(x + y)\alpha = x\alpha + y\alpha$ nachzuweisen. Für $x = 0$ (und $y = 0$) ist das trivial. Für $x + y \geq 0$ und etwa $x > 0$, $y < 0$ folgt

$$x\alpha = ((x + y) + (-y))\alpha = (x + y)\alpha + (-y)\alpha = (x + y)\alpha - y\alpha.$$

Wegen $(-u)\alpha = -u\alpha$ für alle $u \in L$ erledigt das auch den Fall $x + y \leq 0$:

$$(x + y)\alpha = -(-x - y)\alpha = -((-x)\alpha + (-y)\alpha) = -(-x\alpha - y\alpha).$$

2.3. FOLGERUNG. Sei L eine additiv geschriebene Geogruppe.

Auf L_0 sei eine Multiplikation gegeben, die L_0 zu einer abelschen Gruppe macht und der Regel $(u + v)a = ua + va$ genügt. Setze zusätzlich

$$0x = 0 = x0 \qquad (-u)a = -ua = a(-u) \qquad (-u)(-a) = ua$$

für $a, u \in L_0$ und $x \in L$. Dann ist L ein Geokörper.

2.4. HILFSSATZ. Seien K und L Geokörper und $\gamma : K^+ \to L^+$ ein Gruppenhomomorphismus mit $(uv)^\gamma = u^\gamma v^\gamma$ für alle $u, v \in K_0$.

Dann gilt das sogar für alle $u, v \in K$ [wegen $(-x)^\gamma = -x^\gamma$ und $0^\gamma = 0$].

2.5. LEMMA. Mit K (Geokörper) ist auch K_0 archimedisch.

Beweis. Nehme eine beschränkte Untergruppe $U \neq 1$ von K_0 an. Die Menge A aller $a \geq 0$, zu denen ein $a' \in U$ mit $a' \geq 1 + a$ existiert, ist dann ebenfalls beschränkt. Für $1 \leq u \in U$ ist $u - 1 \in A$, und es gibt ein $u > 1$.

Wegen $a'b' \geq (1 + a)(1 + b) = 1 + a + b + ab \geq 1 + a + b$ ist A additiv abgeschlossen. Die Menge aller $a - b$ mit $a, b \in A$ ist nun eine beschränkte Untergruppe $\neq 0$ von K^+, ein Widerspruch.

2.6. HILFSSATZ. Für Abschnitte $X, Y, A \subseteq K_0$ gilt
$$(X + Y)A = XA + YA.$$

Beweis. Die Inklusion $(X + Y)A \subseteq XA + YA$ ist völlig trivial, und die Umkehrung ergibt sich aus $xa + yb = xa + y\frac{b}{a}a$ mit $a \leq b$, also $y\frac{b}{a} \geq y$.

2.7. SATZ. Der Geokörper K sei archimedisch. Dann existiert ein Monomorphismus von K in einen vollständigen Geokörper.

Beweis. Wende Satz 1.4 auf $G = K^+$ und auf $G = K_0$ an. Erhalte die Geogruppen $L = \mathrm{S}(K^+)$ und $\mathrm{S}(K_0)$ sowie einen Monomorphismus $\gamma : K^+ \to L$, der auf K_0 ein Monomorphismus in $\mathrm{S}(K_0)$ ist.

Als Menge ist $\mathrm{S}(K_0) = L_0$. Über 2.6 und 2.3 entsteht nun der Geokörper L, und aufgrund 2.4 ist γ sogar ein Körpermonomorphismus.

2.8. ÜBUNGSAUFGABE.

(a) Ein vollständiger Geokörper L ist archimedisch, jeder Teilkörper ist dicht in L, und echte Teilkörper sind unvollständig.

(b) 1.5 gilt analog für Körper.

(c) Ein Isomorphismus $K \to K'$ zwischen Teilkörpern vollständiger Geokörper L, L' läßt sich zu genau einem Isomorphismus $L \to L'$ fortsetzen.

Auch bei $K \to K'$ ist natürlich ein Geokörperisomorphismus gemeint.

Nachbemerkung. Von einem Iso/Monomorphismus $\alpha : G \to H$ zwischen Geomengen G, H wird neben *bijektiv/injektiv* noch
$$x \leq y \iff x\alpha \leq y\alpha$$
für alle $x, y \in G$ verlangt. Ein Monomorphismus ist also ein Isomorphismus auf das Bild. Bei linearem G genügt $\Rightarrow$, im allgemeinen aber nicht. Die Verhältisse sind also denen in der Algebra, wo ein Iso/Monomorphismus einfach ein bijektiver/injektiver Homomorphismus ist, nicht ganz analog.

Isomorphe Strukturen haben dieselben Eigenschaften.

Ein Isomorphismus $\alpha : X \to Y$ bildet zu X gehörige Objekte $A, B, C, \dots$ auf analog zu Y gehörige Objekte $A\alpha, B\alpha, C\alpha, \dots$ mit denselben Eigenschaften ab, wie umgekehrt der Isomorphismus $\alpha^{-1} : Y \to X$.

3. Quotientenkörper archimedisch geordneter Ringe.

3.1.   Ein *geordneter Ring* ist ein Integritätsring A zusammen mit einer linearen Ordnungsrelation $\leq$ auf A, derart daß aus $x \leq y$ immer $x + a \leq y + a$ folgt sowie $xa \leq ya$ für $a > 0$, d. h. für $a, b > 0$ ist auch $ab > 0$.

3.2. Ist der Integritätsring A Teilring eines Körpers K – allgemeiner eines Ringes K, in dem jedes Element $\neq 0$ von A invertierbar ist – so ist die Menge aller Quotienten $\frac{a}{b} = ab^{-1} = b^{-1}a$ mit $a, b \in A$ (und natürlich $b \neq 0$) aufgrund der Regeln

$$\frac{x}{y} + \frac{u}{v} = \frac{xv + yu}{yv} \qquad \frac{x}{y}\frac{u}{v} = \frac{xu}{yv} \qquad -\frac{x}{y} = \frac{-x}{y} \qquad \left(\frac{x}{y}\right)^{-1} = \frac{y}{x}$$

ein Teilkörper von K, der *Quotientenkörper* $\mathrm{Q}(A) = \mathrm{Q}_K(A)$ von A in K.

Diese Regeln, plus $\frac{x}{y} = \frac{u}{v} \Leftrightarrow xv = uy$, zeigen auch, daß ein Isomorphismus $\alpha : A \to A'$ durch $\frac{x}{y} \to \frac{x\alpha}{y\alpha}$ zu einem Isomorphismus zwischen $\mathrm{Q}(A)$ und (analogem) $\mathrm{Q}(A')$ fortgesetzt wird.

3.3. Sei A in 3.2 geordnet und $K = \mathrm{Q}(A)$. Dann ist die Menge P aller $\frac{a}{b}$ mit $a, b > 0$ ein *Positivitätsbereich* von K, d. h. P ist additiv und multiplikativ abgeschlossen, mit $0 \notin P$ und $-k \in P$ für jedes $k \neq 0$ in $K \setminus P$.

Durch $k < k' \iff k' - k \in P$ wird K dann ebenfalls geordnet, und diese Ordnung stimmt auf A mit der alten Ordnung überein.

3.4. LEMMA. Mit A ist in 3.3 auch K archimedisch.

Beweis. Sei $\frac{a}{b}$ ($b > 0$) eine obere Schranke der Untergruppe $U \neq 0$ von K^+. Da Ab in A unbeschränkt ist, existiert $c \in A$ mit $cb > a$, d. h. $c > \frac{a}{b}$.

Sei $0 \neq \frac{x}{y} \in U$ ($y > 0$). Dann ist $A \cap Uy$ eine (durch cy) beschränkte Untergruppe $\neq 0$ von A^+, ein Widerspruch.

3.5. SATZ. Sei A ein Integritätsring und V ein torsionsfreier A-Modul.

Dann gibt es einen Monomorphismus von V in einen Modul W mit der Eigenschaft, daß der Endomorphismus $a_W : w \to wa$ von W für $0 \neq a \in A$ bijektiv ist.

Beweis. Die Funktionen $f : A \to V$ bilden einen A-Modul F mit

$$f + g : \; x \to xf + xg \qquad \text{und} \qquad fa : \; x \to (xf)a.$$

Sei $\mathcal{A}_1(f)$ bzw. $\mathcal{A}_0(f)$ die Menge aller Ideale $X \neq 0$ von A, derart daß $f_{|X} : X \to V$ ein Modulhomomorphismus bzw. sogar $= 0$ ist.

Sei F_i ($i = 0, 1$) die Menge aller f mit $\mathcal{A}_i(f) \neq \emptyset$.

Mit X und Y ist auch $X \cap Y$ ein Ideal $\neq 0$ $[x, y \neq 0 \Rightarrow xy \neq 0]$. Also ist

(*) $\mathcal{A}_i(f) \cap \mathcal{A}_j(g) \neq \emptyset$ für $f \in F_i$ und $g \in F_j$.

Das (mit $i = j$) plus $\mathcal{A}_i(f) \subseteq \mathcal{A}_i(fa)$ zeigt: F_1 und F_0 sind Teilmoduln von F [mit $f, g : U \to V$ sind auch $f + g$ und fa Modulhomomorphismen].

Setze $W = F_1/F_0$ (Faktormodul).

Torsionsfrei bedeutet $va \neq 0$ für alle $v \neq 0$ und $a \neq 0$, und das impliziert

(**) $\mathcal{A}_0(fa) = \mathcal{A}_0(f)$ für $a \neq 0$.

Für $v \in V$ ist $f_v : a \to va$ ein Modulhomomorphismus (ebenso $v \to f_v$). Insbesondere liegt f_v in F_1 [$A \in \mathcal{A}_1(f_v)$], in F_0 aber nur wenn $v = 0$.

Die Abbildung $v \to F_0 + f_v$ ist somit ein Monomorphismus von V in W.

Für $0 \neq a \in A$ ist a_V bijektiv von V auf Va.

Sei $\beta : Va \to V$ das Inverse.

Für $f \in F_1$ und $X \in \mathcal{A}_1(f)$ ist $Xaf = Xfa \subseteq Va$.

Erhalte so den Homomorphismus $f_{|Xa}\beta : Xa \to V$ mit

$$xa \to xaf\beta = xfa\beta = xf.$$

Eine Fortsetzung $f' : A \to V$ liegt in F_1 [$Xa \in \mathcal{A}_1(f')$].

Und auf Xa ist $f'a = f$ [$xaf'a = xfa = xaf$]. Es folgt $f'a - f \in F_0$.

Zu $w \in W$ existiert somit ein $w' \in W$ mit $w'a = w$, d. h. a_W ist surjektiv. *Injektiv* bedeutet $fa \notin F_0$ für $f \in F_1 \setminus F_0$, folgt also aus (**).

3.6. FOLGERUNG. Jeder Integritätsring hat einen Quotientenkörper. Genauer: Es gibt einen Monomorphismus in einen Körper.

Die Existenz eines archimedischen Georings impliziert also die eines archimedischen Geokörpers, daher sogar die eines vollständigen.

Beweis. Es gibt ein $V \neq 0$, nämlich $V = A$. Die Abbildung $a \to a_W$ ist ein Monomorphismus von A in den Endomorphismenring E von W, und in E ist jedes a_W ($a \neq 0$) invertierbar.

Bemerkungen. Ist U Teilmodul eines Moduls W wie in 3.5, so bilden die Elemente $\frac{u}{a} = u(a_W)^{-1}$ einen Teilmodul $Q_W(U)$. Von dem Monomorphismus γ in 3.5 kann also auch noch $W = Q_W(V\gamma)$ verlangt werden. In der Tat haben γ und W im Beweis von 3.5 diese Eigenschaft.

Obiges Vorgehen geht auf den Hinweis eines Studenten zurück. Es ergibt sich zwanglos aus der Beobachtung, daß die Multiplikation mit $\frac{a}{b} \in Q(A)$ ein A-Modulhomomorphismus von Ab in A ist.

4. Geordnete Mengen, Gruppen und Ringe vom Typ $\mathbb{Z}$.

4.1. Für Elemente $a < b$ einer linearen Geomenge V gelte $a < x < b$ für kein $x \in V$. Dann ist b der *Nachfolger* a^+ von a, und a ist der *Vorgänger* b^- von b. Nenne $V \neq \emptyset$ *vom Typ* $\mathbb{Z}$ wenn (a) und (b) gilt:

(a) Jedes Element hat einen Vorgänger und einen Nachfolger.

(b) Jede nichtleere Teilmenge $X = \{x^+ \mid x \in X\}$ ist $= V$.

Dann hat jede unten (oben) beschränkte nichtleere Teilmenge U ein Minimum (Maximum): In der Menge X der unteren Schranken existiert x mit $x^+ \notin X$, also $x \in \mathrm{Min}(U)$ $[x \le u < x^+ \Rightarrow x = u]$.

Daher ist auch jede oben wie unten unbeschränkte nichtleere Teilmenge vom Typ $\mathbb{Z}$, und eine Geogruppe vom Typ $\mathbb{Z}$ ist archimedisch.

4.2. SATZ. Sei V eine Geomenge vom Typ $\mathbb{Z}$ mit Nachfolgerfunktion $\nu : x \to x^+$. Setze $A = \mathrm{Aut}(V)$ und wähle $v \in V$.

(a) A ist scharf transitiv auf V, d. h. $\alpha \to v\alpha$ ist bijektiv von A auf V.

(b) Durch $\alpha \le \beta \iff v\alpha \le v\beta$ wird A eine Geogruppe vom Typ $\mathbb{Z}$ mit Nachfolgerfunktion $\alpha \to \alpha\nu$. Diese Ordnung ist unabhängig von v.

Beweis. (a) Offenbar ist ν ein Automorphismus von V, der mit allen Automorphismen vertauschbar ist, d. h. ν liegt im Zentrum $Z = Z(A)$.

Wegen 4.1(b) ist $vZ = V$, und $X = \{x \in V \mid x\alpha = x\}$ ist leer für jedes $\alpha \neq 1$ in A, d. h. $v\alpha = v\beta$ impliziert $\alpha = \beta$. Somit ist $A = Z$ (abelsch).

(b) A ist zunächst eine Geomenge, und $\alpha \to v\alpha$ ist ein Isomorphismus auf V. Es folgt $(v\alpha)^+ = v\alpha^+$, d. h. $v\alpha\nu = v\alpha^+$, also $\alpha\nu = \alpha^+$.

Für $\alpha, \beta, \gamma \in A$ folgt weiter

$$\alpha \le \beta \iff v\alpha \le v\beta \iff v\alpha\gamma \le v\beta\gamma \iff \alpha\gamma \le \beta\gamma$$

sowie, mit $w = v\gamma$,

$$w\alpha \le w\beta \iff v\gamma\alpha \le v\gamma\beta \iff v\alpha\gamma \le v\beta\gamma \iff v\alpha \le v\beta.$$

4.3. LEMMA. Sei V eine Geogruppe vom Typ $\mathbb{Z}$, $u = \min(V_0)$, und E der Endomorphismenring der abelschen Gruppe V.

(a) Für jedes $x \in V$ ist $x + u$ der Nachfolger von x.

(b) Die Gruppe V wird von u erzeugt.

(c) Ist $\beta \in E$ und $u\beta > 0$, so ist $v\beta > 0$ für alle $v > 0$ in V.

(d) Mit $\alpha \le \beta \Leftrightarrow u\alpha \le u\beta$ ist E ein Georing vom Typ $\mathbb{Z}$.

(e) Sei W eine weitere Geogruppe und $\varphi : V \to W$ ein Ordnungsisomorphismus mit $0\varphi = 0$. Dann ist φ auch ein Gruppenisomorphismus.

Beweis. (a) folgt aus $x < x + u \le x + (x^+ - x) = x^+$, und (b) dann sofort aus 4.1(b), angewandt auf das Erzeugnis X von u.

(c) Sei v ein Gegenbeispiel. Wähle v minimal. Dann ist $0 < v - u < v$, also doch $v\beta = (u + (v - u))\beta = u\beta + (v - u)\beta > 0$.

(d) Der von 1 erzeugte Teilring F von E liegt im Zentrum $Z(E)$.

Die Untergruppe uF von V enthält u und ist daher gleich V [4.3(b)]. Genauso folgt $u \notin \mathrm{Kern}(\gamma)$ für alle $\gamma \ne 0$ in E, d.h. $u\alpha \ne u\beta$ für $\alpha \ne \beta$.

Somit ist $E = F$ kommutativ und $\alpha \mapsto u\alpha$ bijektiv. Laut (c) folgt $u\alpha\beta > 0$ aus $u\alpha > 0$ und $u\beta > 0$, d.h. aus $\alpha > 0$ und $\beta > 0$ folgt $\alpha\beta > 0$.

(e) Sei $X = \{x \in V \mid (v + x)\varphi = v\varphi + x\varphi$ für alle $v \in V\}$, also $0 \in X$.

Weiter ist $u\varphi = \min(W_0)$, also $w^+ = w + u\varphi$ für alle $w \in W$.

Mit $v \in V$ und $w = v\varphi$ folgt $v^\pm\varphi = w \pm u\varphi$, für alle $x \in X$ also
$(v + x^\pm)\varphi = (v + x \pm u)\varphi = (v \pm u)\varphi + x\varphi = w \pm u\varphi + x\varphi = w + x^\pm\varphi$.

Somit ist $X^+ = X$, also $X = V$.

4.4. LEMMA. In einem Georing V vom Typ $\mathbb{Z}$ ist $\min(V_0) = 1$.

Ist W ein weiterer Georing und $\varphi : V \to W$ ein Ordnungsisomorphismus mit $0\varphi = 0$, so ist φ auch ein Ringisomorphismus.

Beweis. Wäre $u = \min(V_0) < 1$, so wäre $0 < uu < u$. Also ist $u = 1$, genauso $\min(W_0) = 1$ und folglich $1\varphi = 1$. Schon wegen $0\varphi = 0$ ist
$$X = \{x \in V \mid (vx)\varphi = v\varphi \cdot x\varphi \text{ für alle } v \in V\}$$
nicht leer, und damit genügt $X^+ = X$, d.h. mit x liegt auch $x^\pm = x \pm 1$ in X.

Nach 4.3(e) ist $(x \pm y)\varphi = x\varphi \pm y\varphi$ für alle $x, y \in V$.

Für $v \in V$ und $x \in X$ folgt
$$(v(x \pm 1))\varphi = (vx \pm v)\varphi = (vx)\varphi \pm v\varphi = v\varphi \cdot x\varphi \pm v\varphi = v\varphi \cdot (x \pm 1)\varphi.$$

4.5. LEMMA [Beweis in 6.7]. (a) Zu Geomengen V, V' vom Typ $\mathbb{Z}$, $a \in V$, $a' \in V'$ gibt es genau einen Isomorphismus $V \to V'$ mit $a \to a'$.

(b) Sei V eine Menge und $\nu : V \to V$ bijektiv mit $A\nu \subset A$ für eine Teilmenge A, aber $X\nu = X$ für keine Teilmenge $X \ne \emptyset, V$.

Bezüglich einer gewissen Ordnung, der einzigen mit $x < x\nu$, ist V vom Typ $\mathbb{Z}$ mit Nachfolgerfunktion ν.

4.6. FOLGERUNG. (a) Zu geordneten Gruppen oder Ringen V, W vom Typ $\mathbb{Z}$ existiert genau ein Isomorphismus $V \to W$.

(b) Sei G eine Geogruppe und $0 < u \in G$. Dann ist die von u erzeugte Untergruppe vom Typ $\mathbb{Z}$ mit $x^+ = x + u$.

Bemerkung. In jedem Ring K ist die von 1 erzeugte additive Untergruppe V ein Teilring: $V = \{x \in K \mid Vx \subseteq V\}$. In einem Georing ist dieser *Primring* also vom Typ $\mathbb{Z}$. Zu vollständigen Geokörpern L, L' gibt es daher genau einen Isomorphismus $L \to L'$ [2.8(c), 3.2].

5. Wohlgeordnete Mengen und der f-Kettensatz.

5.1. Unter einem *Abschnitt* einer Geomenge G ist jetzt immer ein *unterer Abschnitt* zu verstehen, und G_a steht demgemäß für $G_{<a} = \{x \in G \mid x < a\}$.

$\mathcal{A}(G)$ ist die Menge aller Abschnitte A von G, und $\mathcal{A}^*(G)$ die aller *echten* Abschnitte ($A \neq G$). Das Symbol $G|X$ reduziert auf Abschnitte $A \supseteq X$.

Eine lineare Geomenge W heißt *wohlgeordnet*, auch *Kette*, wenn jede nicht-leere Teilmenge ein Minimum hat. Auch jede Teilmenge ist dann eine Kette.

Eine *Folge* ist eine auf einer Kette definierte Abbildung.

5.2. In einer Kette W hat jedes $a \notin \text{Max}(W)$ einen Nachfolger a^+.

Die Abbildung $x \to W_x$ ist ein Isomorphismus von W auf die [durch $\subseteq$] geordnete Menge $\mathcal{A}^*(W)$. Insbesondere ist auch $\mathcal{A}(W)$ wohlgeordnet.

Das Urbild x von $A \in \mathcal{A}^*(W)$ ist das *Folgeelement*
$$f^+(A) = \min(W \setminus A) = \max(A^+)$$
von A, und $A \cup \{x\}$ ist der Nachfolger A^+ von A in $\mathcal{A}(W)$.

Genau dann hat ein Abschnitt B von W einen Vorgänger wenn B ein Maximum hat. Und genau dann hat B keinen Vorgänger, wenn B die Ver-einigung der echten Abschnitte von B ist.

Nenne W *grundiert*, wenn jedes $x \in W \setminus \text{Min}(W)$ einen Vorgänger hat. Gleichwertige Eigenschaften:

(a) Jeder nichtleere echte Abschnitt hat einen Vorgänger.

(b) Jeder nichtleere echte Abschitt hat ein Maximum.

(c) Jede nichtleere beschränkte Teilmenge hat ein Maximum.

(d) Jede unter $x \to x^+$ abgeschlossene Teilmenge ist ein oberer Abschnitt von W (ist also $= W$ wenn sie $\text{Min}(W)$ enthält).

Jede Teilmenge eines grundierten W ist grundiert, wie auch jede unten beschränkte Teilmenge einer Geomenge vom Typ $\mathbb{Z}$.

Ein grundiertes nichtleeres W ohne Maximum ist *vom Typ* $\mathbb{N}$.

5.3. INDUKTIONSLEMMA. Sei W eine Kette und $\mathcal{A} \subseteq \mathcal{A}(W)$ mit $A^+ \in \mathcal{A}$ und $\bigcup_{\mathcal{B}} \in \mathcal{A}$ für $W \neq A \in \mathcal{A}$ und $\emptyset \neq \mathcal{B} \subseteq \mathcal{A}$.

Dann ist $\mathcal{A}$ ein oberer Abschnitt von $\mathcal{A}(W)$.

Also: Eine nichtleere Eigenschaft von Abschnitten, die sich auf Nachfolger und nichtleere Vereinigungen vererbt, gilt auch für W.

Beweis. Nehme $A \in \mathcal{A}$ und $B \in \mathcal{A}(W) \setminus \mathcal{A}$ mit $A \subset B$ an. Wähle B minimal (bei festem A). Jedes $X \in \mathcal{A}^*(B|A)$ liegt in $\mathcal{A}$. Also hat B keinen Vorgänger und ist auch nicht die Vereinigung dieser X, ein Widerspruch.

5.4. FOLGERUNG. (a) Sei W eine Kette und $\leq'$ eine weitere Ordnung auf (der Menge) W. Für jedes $A \in \mathcal{A}^*(W)$ mit $\leq=\leq'$ auf A sei $x <' f^+(A)$ für alle $x \in A$. Dann ist $\leq=\leq'$.

(b) Für grundiertes W genügt $x <' x^+$ für alle $x \in W \setminus \mathrm{Max}(W)$, und dasselbe gilt für Geomengen W vom Typ $\mathbb{Z}$ (denn $W_{\geq x}$ ist vom Typ $\mathbb{N}$).

5.5. DER f-KETTENSATZ (nach H. Kneser [14]).

Sei M eine Menge, $\mathcal{A} \subseteq \mathcal{P}(M)$, $f : \mathcal{A} \to M$ und $f(A) \notin A$ für $A \in \mathcal{A}$.

Nenne $W \in \mathcal{P}(M)$ eine f-Kette, wenn es eine Wohlordnung auf W gibt mit $\mathcal{A}^*(W) \subseteq \mathcal{A}$ und $f^+(A) = f(A)$ für alle $A \in \mathcal{A}^*(W)$.

Dann ist auch die Vereinigung V aller f-Ketten eine f-Kette, mit $V \notin \mathcal{A}$.

Zusatz. Eine f-Kette W hat nur eine Ordnung der angegebenen Art, und die so geordneten Ketten W sind genau die Abschnitte von V.

Beweis. (1) Sind W und W' f Ketten (bezüglich $\leq$ und $\leq'$), so ist $W \in \mathcal{A}(W')$ oder $W' \in \mathcal{A}(W)$ (also $\leq=\leq'$ auf W bzw. W').

Denn mit der Vereinigung U aller gemeinsamen Abschnitte wäre im Falle $W \neq U \neq W'$ auch $U \cup \{f(U)\}$ ein gemeinsamer Abschnitt.

(2) Zu $a, b, c \in V$ gibt es eine f-Kette W mit $a, b, c \in W$.

(3) Es gibt genau eine Relation $\leq$ auf V, die die „f-Ordnung" einer jeden f-Kette fortsetzt. Sie ist eine lineare Ordnungsrelation.

(4) Jede f-Kette A ist ein Abschnitt von V, und für $X \subseteq V$ folgt daher $\mathrm{Min}(A \cap X) \subseteq \mathrm{Min}(X)$, also $\mathrm{Min}(X) \neq \emptyset$ falls $X \neq 0$.

Somit ist V wohlgeordnet durch $\leq$, und sogar eine f-Kette:
Für $A \in \mathcal{A}^*(V)$, $b = f_V^+(A)$ und eine f-Kette B mit $b \in B$ folgt $A \in \mathcal{A}^*(B)$ und $b = f_B^+(A) = f(A)$.
Im Falle $V \in \mathcal{A}$ wäre $V \cup \{f(V)\}$ eine f-Kette.

Es folgen einige Anwendungen des f-Kettensatzes. Zur jeweiligen Existenz von f braucht man in 5.6 und 5.7 das Auswahlaxiom.

5.6. DAS LEMMA VON ZORN. Hat jede Kette in einer Geomenge G eine obere Schranke, so hat G ein maximales Element.

Beweis. Andernfalls hat jede Kette A sogar eine obere Schranke $f(A) \notin A$. Wende 5.5 an mit der Menge $\mathcal{A}$ aller Ketten in G. Laut 5.4 stimmt die neue Ordnung von V mit der alten überein. Das widerspricht $V \notin \mathcal{A}$.

5.7. DER WOHLORDNUNGSSATZ VON ZERMELO.

Jede Menge M besitzt eine Wohlordnung.

Beweis. Wende 5.5 an mit $\mathcal{A} = \mathcal{P}(M) \setminus \{M\}$. Erhalte $V = M$.

5.8. Sei M eine Menge, $\alpha : M \to M$ und $X \subseteq M$.

Das α-*Erzeugnis* $\langle X \rangle_\alpha$ von X ist die kleinste α-invariante Teilmenge $\supseteq X$ von M, d. h. der Schnitt aller Teilmengen $Y \supseteq X, Y\alpha$.

Grundregeln. (a) $\langle X \rangle_\alpha = X \cup \langle X \rangle_\alpha \alpha = X \cup \langle X\alpha \rangle_\alpha$.

(b) $\langle X \rangle_\alpha \beta = \langle X\beta \rangle_\alpha$ für jedes $\beta : M \to M$ mit $\alpha\beta = \beta\alpha$.

Beweis. (a) $\ldots \cup \ldots$ liegt in $\langle X \rangle_\alpha$, enthält X und ist α-invariant.

(b) $\supseteq$: $\langle X \rangle_\alpha \beta$ enthält $X\beta$ und ist α-invariant.

$\subseteq$: Mit $U = \langle X\beta \rangle_\alpha$ ist auch das Urbild $U\beta^{-1}$ ($\supseteq X$) α-invariant und enthält daher $\langle X \rangle_\alpha$. Es folgt $\langle X \rangle_\alpha \beta \subseteq U\beta^{-1}\beta \subseteq U$.

5.9. DER ERSTE $I\!N$-SATZ VON DEDEKIND.

(a) Sei N eine Menge, $\nu : N \to N$ injektiv, $u \in N \setminus N\nu$ und $N = \langle u \rangle_\nu$.

Bezüglich einer gewissen Ordnung ist N dann vom Typ $I\!N$ mit Nachfolgerfunktion ν und Minimum u.

(b) Existiert eine Menge M mit einer injektiven, aber nicht surjektiven Abbildung $\nu : M \to M$, so existiert eine Kette vom Typ $I\!N$.

Beweis. (a) Sei $\mathcal{A}$ die Menge aller $A \subseteq N$ mit $A = \emptyset$ oder $a\nu \notin A$ für genau ein $a \in A$. Setze $f(\emptyset) = u$ bzw. $f(A) = a\nu$. Wende 5.5 an.

Zunächst ist $u = f^+(\emptyset) = \min(V)$, denn $\{u\}$ ist eine f-Kette.

Für $\emptyset \neq A \in \mathcal{A}^*(V)$ ist $f^+(A) = f(A) = a\nu$, also $a = \max(A)$.

Somit ist V grundiert und $x^+ = x\nu$ für alle $x \in V \setminus \mathrm{Max}(V)$, weiter $\mathrm{Max}(V) = \emptyset$ wegen $V \notin \mathcal{A}$, also $V\nu \subseteq V$ und daher $V = N$.

(b) Sei $u \in M \setminus M\nu$. Wende (a) an mit $N = \langle u \rangle_\nu$.

5.10. Sei W vom Typ $I\!N$ mit Minimum u und Nachfolgerfunktion ν.

(a) Mit $\alpha = \nu^2$, $U = \langle u \rangle_\alpha$ und $V = U\nu$ gilt $W = U \,\dot\cup\, V$.

(b) Bezüglich einer neuen Ordnungsrelation $\leq'$ ist W vom Typ $Z\!\!Z$, sie ist $\leq$ auf U, $\geq$ auf V, und $x \leq' y$ gilt noch für $x \in V$, $y \in U$.

Beweis. Wegen $V\nu = U\alpha \subseteq U$ ist $U \cup V$ ν-invariant, also $= W$ [5.2(c)].

Sei $U \cap V \neq \emptyset$. Dann liegt $m = \min(U \cap V)$ nicht in $(U \cap V)\alpha = U\alpha \cap V\alpha$ [α ist injektiv], wegen $U = \{u\} \cup U\alpha$ und $V = \{u\nu\} \cup V\alpha$ aber doch.

Zu (b) ist nur zu beachten, daß U und V vom Typ $I\!N$ sind.

Anschaulich: $0, 1, 2, 3, \ldots$ wird zu $\ldots 5, 3, 1, 0, 2, 4, \ldots$ umgeordnet.

6. Induktion und Kardinalität.

W und W' seien Ketten. Nenne $\alpha : W \to W'$ einen *Morphismus* und schreibe $\alpha : W \nearrow W'$, wenn aus $x < y$ $(x, y \in W)$ immer $x\alpha < y\alpha$ folgt und $W\alpha$ ein Abschnitt von W' ist, kurz: α ist ein Isomorphismus von W auf einen Abschnitt von W'. Schreibe $W \nearrow W'$ wenn ein α existiert.

6.1. HILFSSATZ. Die Menge V sei Vereinigung von gewissen Teilmengen, sagen wir $A \in \mathcal{B}$, derart daß $A \subseteq B$ oder $B \subseteq A$ für alle $A, B \in \mathcal{B}$.

Jedem A sei eine Abbildung α_A von A in eine weitere Menge M zugeordnet, und im Falle $A \subseteq B$ sei $\alpha_A = \alpha_B$ auf A.

Dann existiert genau eine Fortsetzung $\alpha : V \to M$ aller α_A.

6.2. DER SATZ ÜBER DIE INDUKTIVE DEFINITION VON FOLGEN.

Sei $A_0 \in \mathcal{A}(W)$ und M eine Menge. Zu $A \in \mathcal{A}^*(W|A_0)$ und $\alpha : A \to M$ sei immer eine Fortsetzung $\alpha^+ : A^+ \to M$ gegeben.

Dann hat ein $\alpha_0 : A_0 \to M$ genau eine Fortsetzung $\alpha : W \to M$ mit

$$(*) \qquad (\alpha_{|A})^+ = \alpha_{|A^+} \quad \text{für alle } A.$$

Bemerkung. Das analog zu $X \in \mathcal{A}(W|A_0)$ gehörige α_X ist $= \alpha_{|X}$.

Beweis. Nehme W als minimales Gegenbeispiel [in $\mathcal{A}(W|A_0)$] an.
Erhalte $\alpha_U : U \to M$ analog α für jedes $U \in \mathcal{B} = \mathcal{A}^*(W|A_0)$.
Ist $U^+ = W$, so ist $\alpha = (\alpha_U)^+$ wie gewünscht. Also ist $\bigcup_{\mathcal{B}} = W$.
Erhalte $\alpha : W \to M$ via 6.1. Für $A \in \mathcal{B}$ folgt $A^+ \in \mathcal{B}$, also $(\alpha_A)^+ = \alpha_{A^+}$.

6.3. FOLGERUNG. Sei $m_0 \in M$ und W grundiert mit Minimum w_0, weiter jedem $w \in W \setminus \text{Max}(W)$ eine Abbildung $f_w : M \to M$ zugeordnet.

Dann existiert genau eine Abbildung $\alpha : W \to M$ mit $w_0\alpha = m_0$ und $w^+\alpha = f_w(w\alpha)$ für alle w wie eben.

Beispiel. Sei M eine Halbgruppe und $h : W \to M$. Dann existiert genau ein $\alpha : W \to M$ mit $w_0\alpha = h(w_0)$ und $w^+\alpha = w\alpha \cdot h(w^+)$.

Hier ist $f_w(x) = x \cdot h(w^+)$, und $w\alpha$ $(w \in W)$ ist anschaulich das Produkt der Elemente $h(u)$ $(u \leq w)$ in der durch W gegebenen Reihenfolge.

6.4. CANTORS ISOMORPHIESATZ FÜR WOHLGEORDNETE MENGEN.

(a) Es gibt höchstens ein $\alpha : W \nearrow W'$.

(b) Es gilt $W \nearrow W'$ oder $W' \nearrow W$.

(c) Gilt beides in (b), so sind W und W' isomorph $(W \simeq W')$.

Bemerkung. Aus (a) ergibt sich sofort die wichtige Eigenschaft einer wohlgeordneten Menge, nicht zu einem echten Abschnitt isomorph zu sein.

Beweis. Vorbemerkung: Ist $A \in \mathcal{A}^*(W)$ und $\alpha : A \nearrow W'$ mit $A\alpha \neq W'$, so existiert genau eine Fortsetzung $\alpha^+ : A^+ \nearrow W'$.

(a) Sei $\alpha, \beta : W \nearrow W'$. Wende 5.3 auf $\mathcal{A} = \{A \in \mathcal{A}(W) \mid \alpha_{|A} = \beta_{|A}\}$ an.

(b) Beides sei falsch. Aus $A \in \mathcal{A}(W)$ und $\alpha : A \nearrow W'$ folgt $A \neq W$ und $A\alpha \neq W'$, und daraus resultiert die Fortsetzung $\alpha^+ : A^+ \nearrow W$.

Sei $\mathcal{B}$ die Menge aller $A \in \mathcal{A}(W)$ mit $A \nearrow W'$. Zu jedem A existiert laut (a) nur ein $\alpha_A : A \nearrow W'$, und A^+ liegt ebenfalls in $\mathcal{B}$. Kann offenbar 6.1 anwenden, und das resultierende $\alpha : V \to W$ ist ebenso offenbar ein Morphismus. Der Abschnitt $V = \bigcup_{\mathcal{B}}$ von W liegt also ebenfalls in $\mathcal{B}$, ein Widerspruch.

(c) Sei $\alpha : W \nearrow W'$ und $\alpha' : W' \nearrow W$. Dann ist $\alpha\alpha' : W \to W$ ein Morphismus, also $= \mathrm{id}_W$ wegen (a), und damit ist auch $\alpha'\alpha = \mathrm{id}_{W'}$.

6.5. FOLGERUNG [aus 6.4 und 5.7].

(a) Sind A und B beliebige Mengen, so ist $|A| \leq |B|$ oder $|B| \leq |A|$, d.h. es gibt eine injektive Abbildung von A in B oder von B in A.

(b) Eine nichtleere Menge $\mathcal{A}$ von Mengen hat bezüglich $|\dots| \leq |\dots|$ ein Minimum A ($|A| \leq |B|$ für alle $B \in \mathcal{A}$).

6.6. DER SATZ VON SCHRÖDER-BERNSTEIN.

Aus $|A| \leq |B|$ und $|B| \leq |A|$ folgt $|A| = |B|$, d.h. es gibt eine bijektive Abbildung zwischen A und B.

Beweis (Dedekind). Sei $\alpha : A \to B$ injektiv. Darf $B \subseteq A$ annehmen und muß ein bijektives $\gamma : B \to A\alpha$ finden. Nun ist $\alpha : A \to A$ und $B\alpha \subseteq B$.

Mit $\qquad X = B \setminus A\alpha \qquad E = \langle X \rangle_\alpha \ (\subseteq B) \qquad Y = B \setminus E$

folgt $\qquad B = X \,\dot\cup\, A\alpha \qquad E = X \,\dot\cup\, E\alpha \ [5.8(a)] \qquad B = Y \,\dot\cup\, E$

und damit auch noch $Y = B \setminus E = A\alpha \setminus E\alpha$, d.h. $A\alpha = Y \,\dot\cup\, E\alpha$.

Definiere nun γ auf $B = Y \,\dot\cup\, E$ als id_Y auf Y und als α auf E.

6.7. Sind W und W' vom Typ $I\!N$, so existiert genau ein Isomorphismus $\alpha : W \to W'$, aufgrund 6.4(a)(b) und 5.2(b).

Daraus folgt sofort 4.5(a), denn dort sind $V_{>a}$ und $V'_{>a'}$ vom Typ $I\!N$, und $V_{<a}$ ist wie $V'_{<a'}$ dual vom Typ $I\!N$.

Beweis von 4.5(b): Wende 5.9(a) auf $N = \langle u \rangle_\nu$ mit $u \in A \setminus A\nu$ an: Bezüglich einer Ordnung $\leq$ ist N vom Typ $I\!N$ mit Minimum u und $x^+ = x\nu$.

Analog: $\nu' = \nu^{-1}$, $A' = V \setminus A$, $u' = u\nu'$, N' und $\leq'$.

Weiter ist $N \cap N' \subseteq A \cap A' = \emptyset$ und – wegen $N = N\nu \cup \{u\}$ und $N' = N'\nu' \cup \{u'\}$ – auch $(N \cup N')\nu = N \cup N'$, also $N \cup N' = V$.

Erweitere nun $\leq$ zu einer Relation auf V: $x \leq y$ gilt noch für $x \in N'$ und $y \in N$, sowie für $x, y \in N'$ mit $y \leq' x$. Zur Eindeutigkeit siehe 5.4(b).

7. Endliche und unendliche Mengen.

7.1. Eine Menge M ist *endlich*, wenn jedes injektive $\alpha : M \to M$ auch surjektiv ist.

Unendlichkeit läuft also auf die Existenz einer injektiven, aber nicht surjektiven Abbildung hinaus. Das Hauptbeispiel ist die Nachfolgerfunktion $x \to x^+$ einer nichtleeren Kette ohne Maximum. Umgekehrt impliziert die Existenz einer unendlichen Menge auch die Existenz geordneter Mengen vom Typ $I\!N$ und $Z\!\!\!Z$ [5.9(b), 5.10(b)], und über Gruppen und Ringe vom Typ $Z\!\!\!Z$ [4.2(b), 4.3(d)] ergeben sich dann vollständig geordnete Körper.

Offenbar ist die leere Menge endlich, auch jede Teilmenge und jedes bijektive Bild einer endlichen Menge, also auch jedes surjektive Bild [ordne jedem Bildelement ein Urbild zu, mit Hilfe des Auswahlaxioms].

W ist wieder eine wohlgeordnete Menge vom Typ $I\!N$.

7.2. HILFSSATZ. Sei $M = A \cup \{b\}$ eine Menge, A endlich.

Dann ist auch M endlich.

Beweis. Sei $\alpha : M \to M$ injektiv, aber nicht surjektiv.

Dann ist $A\alpha \not\subseteq A$, denn sonst wäre $A\alpha = A$, also $b\alpha = b$.

Sei also $a \in A$ und $a\alpha = b$, weiter τ die Transposition von M mit $a\tau = b$ (und $b\tau = a$). Dann ist $\alpha' = \alpha\tau$ wie α, im Widerspruch zu $A\alpha' \subseteq A$.

7.3. LEMMA. (a) Die echten Abschnitte von W sind endlich, und eine endliche Kette ist zu genau einem solchen Abschnitt isomorph.

(b) Ketten vom Typ $I\!N$ sind isomorph (schon bekannt), und eine unendliche Kette hat genau einen Abschnitt vom Typ $I\!N$.

Beweis. Der kleinste unendliche Abschnitt von W hat nach 7.2 keinen Vorgänger, ist also $= W$. Alles weitere folgt aus dem Isomorphiesatz [6.4].

7.4. DER ZWEITE $I\!N$-SATZ VON DEDEKIND.

(a) Eine endliche Menge M ist zu genau einem echten Abschnitt A von W gleichmächtig (man kann also $|M| = f^+(A)$ definieren).

(b) Genau dann ist eine Menge M unendlich, wenn es eine injektive Abbildung von W in M gibt.

Beweis. (a) Da M eine Wohlordnung besitzt [5.7], existiert nach 7.3(a) jedenfalls eine bijektive Abbildung von M auf ein $A \in \mathcal{A}^*(W)$. Ist B wie A, mit $A \subseteq B$, so gibt es eine bijektive Abbildung von B auf A, und daraus folgt $A = B$, denn B ist endlich.

(b) Ist $\alpha : W \to M$ injektiv, so ist mit W auch $W\alpha$ unendlich, also M. Umgekehrt folgt die Existenz von α aus 7.3(b), wieder über 5.7.

8. Endliche Summen und Produkte.

Sei W eine endliche Kette, H eine Halbgruppe und $h : W \to H$.

Durch 6.3 (Beispiel) wird jedem $A \in \mathcal{A}(W)$ ein Element $\pi(A) \in H$ zugeordnet, mit $\pi(\emptyset) = 1$ und $\pi(A^+) = \pi(A)h(f^+(A))$ für alle $A \neq W$.

Da es nur eine solche Abbildung $\pi : \mathcal{A}(W) \to H$ gibt, ist π auf $\mathcal{A}(U)$ gleich dem analog zu $U \in \mathcal{A}(W)$ gehörigen π_U.

Da auch jede Teilmenge B von W eine endliche Kette ist, ist auch $\pi(B) \in H$ definiert (bezüglich $h_{|B}$), und für $B = W \setminus A$ ($A \in \mathcal{A}(W)$) folgt per Induktion nach W noch $\pi(W) = \pi(A)\pi(B)$, denn mit $w = \max(W)$, $W_1 = W \setminus \{w\}$ und $B_1 = B \setminus \{w\}$ gilt (für $A \subset W$)

$$\pi(W) = \pi(W_1)h(w) = \pi(A)\pi(B_1)h(w) = \pi(A)\pi(B)$$

unter der Annahme, daß die Behauptung für W_1 anstelle W richtig ist.

Und mehr ist zum Thema *geordnete Produkte* nicht zu sagen.

Sei also W jetzt irgendeine endliche Menge und H kommutativ.

SATZ. Es gibt genau ein $\pi : \mathcal{P}(W) \to H$ mit $\pi(\emptyset) = 1$, $\pi(\{x\}) = h(x)$ für $x \in W$, und $\pi(X \cup Y) = \pi(X)\pi(Y)$ für disjunkte $X, Y \subseteq W$.

Bemerkung. Das analog zu einer Teilmenge $U \subseteq W$ (und $h_{|U}$) gehörige π_U ist $= \pi$ auf $\mathcal{P}(U)$ [wegen der Eindeutigkeit von π_U].

Außerdem ist $\pi(W) = \pi(W_1)h(w)$, für $w \in W$ und $W_1 = W \setminus \{w\}$.

Beweis. Wir dürfen $W \neq \emptyset$ annehmen und daß die Behauptung für jedes $V \subset W$ richtig ist [6.5(b)]. Damit liegt $\pi(V)$ für diese V's vor, und mit $\pi(W) = \pi(W_1)h(w)$ (w, W_1 wie oben) ist dann $\pi : \mathcal{P}(W) \to H$ definiert.

Beweis der Produktregel: OBdA ist $w \in Y \subset W = X \cup Y$. Es folgt

$$\pi(W) = \pi(W_1)h(w) = \pi(X)\pi(Y \cap W_1)h(w) = \pi(X)\pi(Y).$$

Nachbemerkung. Ist A in 6.5(b) endlich, so ist $B \not\subset A$ für alle $B \in \mathcal{A}$.

LITERATURHINWEISE.

Dedekinds *Gesammelte mathematische Werke*, herausgegeben von R. Fricke, E. Noether und Ö. Ore (Vieweg, Braunschweig 1932) werden von der Göttinger Bibliothek im Internet zur Verfügung gestellt [gdz.de].

Die Schriften von 1872 und 1888 finden sich in Band III, die Betrachtungen zum „Innerlichen und Äußerlichen" in Band II (S. 54-55).

Zum Satz von Schröder-Bernstein siehe Band III (S. 447-448), auch Zermelos Anmerkung 2 (S. 451) in Cantors *Ges. Abhandlungen* (Springer, Berlin 1932).

Der Brief an den Hamburger „Oberlehrer" Dr. H. Keferstein wird auf Seite 490 kurz besprochen, erstaunlicherweise aber nicht wiedergegeben.

1. Dedekinds Brief an Dr. Hans Keferstein vom 27. Februar 1890.

Wiedergegeben mit freundlicher Erlaubnis der Niedersächsischen Staats- und Universitätsbibliothek Göttingen. Signatur: Cod. Ms. Dedekind XIII:19.

Näheres über die Vorgeschichte findet sich in dem Buch *From Frege to Gödel* von Jean van Heijenoort (Harvard University Press, 1967).

Hochgeehrter Herr Doktor!

Für Ihren freundlichen Brief vom 14. d. M. und die darin ausgesprochene Bereitwilligkeit, meiner Entgegnung Gehör zu verschaffen, sage ich Ihnen meinen besten Dank. Doch möchte ich Sie bitten, in dieser Sache Nichts zu übereilen und erst dann einen Entschluß zu fassen, nachdem Sie, wenn Sie Zeit dazu haben, die wichtigsten Erklärungen und Beweise in meiner Zahlenschrift noch einmal genau gelesen und durchdacht haben. Ich halte es nämlich für höchst wahrscheinlich, daß Sie sich dann in allen Punkten zu meiner Auffassung und Behandlung des Gegenstandes bekehren werden, und gerade hierauf würde ich bei weitem den größten Wert legen, weil ich überzeugt bin, daß Sie wirklich ein tiefes Interesse für die Sache hegen.

Um diese Annäherung wo möglich zu befördern, möchte ich Sie bitten, dem folgenden Gedankengange, der die Genesis meiner Schrift darstellt, Ihre Aufmerksamkeit zu schenken. Wie ist meine Schrift entstanden? Gewiß nicht in einem Tage, sondern sie ist eine nach langer Arbeit aufgebaute Synthese, die sich auf eine vorausgehende Analyse der Reihe der natürlichen Zahlen stützt, so wie diese sich, gewissermaßen erfahrungsmäßig, unserer Betrachtung darbietet. Welches sind die von einander unabhängigen Grundeigenschaften dieser Reihe N, d. h. diejenigen Eigenschaften, welche sich nicht aus einander ableiten lassen, aus denen aber alle anderen folgen? Und wie muß man diese Eigenschaften ihres spezifisch arithmetischen Charakters entkleiden, der Art, daß sie sich allgemeinen Begriffen und solchen Tätigkeiten des Verstandes unterordnen, ohne welche überhaupt kein Denken möglich ist, mit welchen aber auch die Grundlage gegeben ist für die Richtigkeit und Vollständigkeit der Beweise, wie für die Bildung widerspruchsfreier Begriffs-Erklärungen.

Stellt man die Frage in dieser Weise, so wird man, wie ich glaube, mit Gewalt auf folgende Thatsachen gedrängt:

1) Die Zahlenreihe N ist ein System von Individuen oder Elementen, die Zahlen heißen. Dies führt zur allgemeinen Betrachtung von Systemen (§ 1 meiner Schrift).

2) Die Elemente des Systems N stehen in gewisser Beziehung zu einander, es herrscht eine gewisse Ordnung, die zunächst darin besteht, daß zu jeder bestimmten Zahl n eine bestimmte Zahl n', die folgende oder nächst größere Zahl

gehört. Dies führt zur Betrachtung des allgemeinen Begriffes einer Abbildung
φ eines Systems (§ 2), und da das Bild $\varphi(n)$ einer jeden Zahl n wieder eine Zahl
n', also $\varphi(N)$ Teil von N ist, so handelt es sich hier um eine Abbildung φ eines
Systems N in sich selbst, welche also allgemein zu untersuchen ist (§ 4).

3) Auf verschiedene Zahlen a, b folgen auch verschiedene Zahlen a', b'. Die
Abbildung φ hat also den Charakter der Deutlichkeit oder Ähnlichkeit (§ 3).

4) Nicht jede Zahl ist eine folgende Zahl n', d. h. $\varphi(N)$ ist echter Teil von N,
und hierin besteht in Verbindung mit dem Vorhergehenden die Unendlichkeit
der Zahlenreihe (§ 5).

5) Und zwar ist 1 die einzige Zahl, welche sich nicht in $\varphi(N)$ findet.
Hiermit sind diejenigen Tatsachen aufgezählt, in welchen Sie (S. 124. Z. 8-14)
den vollständigen Charakter eines geordneten einfach unendlichen Systems
erblicken.

6) Aber ich habe in meiner Entgegnung (III) gezeigt, daß diese Thatsachen
noch lange nicht ausreichen, um das Wesen der Zahlenreihe N vollständig zu
erfassen. Alle diese Tatsachen würden auch noch für jedes System S gelten,
welches außer der Zahlenreihe N noch ein System T von beliebigen anderen
Elementen enthält, auf welches die Abbildung φ sich stets so ausdehnen läßt,
daß sie den Charakter der Ähnlichkeit behält, und daß $\varphi(T) = T$ wird. Aber
ein solches System ist offenbar etwas ganz Anderes als unsere Zahlenreihe N,
und ich könnte es so wählen, daß in ihm kaum ein einziger der arithmetischen
Sätze bestehen bliebe. Was muß also zu den bisherigen Thatsachen noch hinzu
kommen, um unser System von solchen fremden, alle Ordnung störenden Ein-
dringlingen wieder zu reinigen? Dies war einer der schwierigsten Punkte in
meiner Analyse, und seine Überwindung hat ein langes Nachdenken erfordert.
Setzt man die Kenntnis der natürlichen Zahlenreihe N schon voraus und erlaubt
sich demgemäß eine arithmetische Ausdrucksweise, so hat man ja leichtes Spiel;
man braucht nur zu sagen: ein Element gehört dann und nur dann der Reihe N
an, wenn ich, von dem Element 1 ausgehend, durch beständig wiederholtes Weiterzählen, d. h. durch eine endliche Anzahl von Wiederholungen der Abbildung
φ (vergl. den Schluß von 131 meiner Schrift) wirklich einmal zu dem Element
n gelange, während ich auf diese Weise niemals zu einem der Reihe N fremden
Element t gelange. Aber dieser Weg, den Unterschied zwischen den aus S wieder auszutreibenden Elementen t und den allein beizubehaltenden Elementen
n zu charakterisieren, ist doch für unsere Zwecke gänzlich unbrauchbar, es entsteht ja ein circulus vitiosus der schlimmsten und auffälligsten Art. Die bloßen
Worte „endlich einmal hinkommen" thun es natürlich auch nicht, sie würden
nicht mehr helfen als etwa die Worte „karam sipo tatura", die ich augenblicklich erfinde, ohne ihnen einen deutlich erklärten Sinn zu geben. Also: wie kann
ich, ohne irgend welche arithmetische Kenntnis voraus zu setzen, den Unterschied zwischen den Elementen n und t unfehlbar begrifflich bestimmen? Ganz

allein durch die Betrachtung der <u>Ketten</u> (37, 44 meiner Schrift), durch diese aber auch vollständig! Will ich meinen Kunstausdruck „Kette" vermeiden, so werde ich sagen: ein Element n von S gehört dann und nur dann der Reihe N an, wenn n Element <u>jedes</u> <u>solchen</u> Theils K von S ist, welcher die doppelte Eigenschaft besitzt, daß das Element 1 in K enthalten ist, und daß das Bild $\varphi(K)$ Teil von K ist. In meiner Kunstsprache: N ist die Gemeinheit 1_0 oder $\varphi_0(1)$ aller derjenigen Ketten K (in S), in denen das Element 1 enthalten ist. Erst hierdurch ist der vollständige Charakter der Reihe festgestellt. – Hierzu bemerke ich beiläufig Folgendes: Die „Begriffsschrift" und die „Grundlagen der Arithmetik" von Frege sind zum ersten Male im letzten Sommer (1889) auf kurze Zeit in meine Hände gelangt, und ich habe mit Vergnügen gesehen, daß seine Art, das mittelbare Folgen eines Elementes auf ein anderes in einer Reihe zu erklären, im <u>Wesentlichen</u> mit meinen Ketten-Begriffen (37, 44) überein-stimmt, man muß sich nur durch seine etwas unbequeme Ausdrucksweise nicht zurückschrecken lassen.

7) Nachdem in meiner Analyse der wesentliche Charakter des einfach zusammenhängenden Systems, dessen abstrakter Typus die Zahlenreihe N ist, erkannt war (71, 73), fragte es sich: <u>existiert</u> überhaupt ein solches System in unserer Gedankenwelt? Ohne den logischen Existenz-Beweis würde es immer zweifelhaft bleiben, ob nicht der Begriff eines solchen Systems vielleicht innere Widersprüche enthält. Daher die Notwendigkeit solcher Beweise (66, 72 meiner Schrift).

8) Nachdem auch dies festgestellt war, fragte es sich: liegt in dem Bisherigen auch eine ausreichende <u>Beweismethode</u>, um Sätze, die für <u>alle</u> Zahlen gelten sollen, allgemein zu beweisen? Ja! Der berühmte Induktions-Beweis ruht auf der sicheren Grundlage des Ketten-Begriffs (59, 60, 80 meiner Schrift).

9) Endlich: Ist es auch möglich, die Definitionen für Zahlen-Operationen widerspruchsfrei für alle Zahlen aufzustellen? Ja! Dies wird durch den Satz 126 in meiner Schrift in der That geleistet.

Damit war die Analyse beendigt, und der synthetische Aufbau konnte beginnen; es hat mir doch noch Mühe genug gemacht! Auch der Leser meiner Schrift hat es wahrlich nicht leicht; außer dem gesunden Menschenverstande gehört auch noch ein sehr starker Wille dazu, um Alles vollständig durchzuarbeiten.

Ich wende mich nun noch zu einigen Stellen Ihrer Abhandlung, die ich in meiner neulichen Entgegnung nicht erwähnt habe, weil sie weniger wichtig sind; vielleicht werden aber meine darauf bezüglichen Bemerkungen noch einiges zur Klärung der Sache beitragen.

a) S.121. Z.19. Weshalb wird hier von einem <u>Theile</u> gesprochen? Eine <u>Anzahl</u> schreibe ich später (161 meiner Schrift) jedem endlichen Systeme und nur einem solchen zu.

b) S.122. Z.8. Hier findet sich eine Verwechselung zwischen <u>Abbildung</u> und <u>Bild</u>; statt „Abbildung $\bar{\varphi}(S')$" müßte es heißen „Abbildung $\bar{\varphi}$ des Systems S'". Nicht $\bar{\varphi}(S')$, sondern $\bar{\varphi}$ ist eine Abbildung (der abbildende Maler), die aus dem <u>System</u> (Original) S' das <u>Bild</u> $\bar{\varphi}(S') = S$ erzeugt. Solche Verwechselungen können aber bei unserer Untersuchung recht gefährlich werden.

c) S.123. Z.29-31. Diese Worte mögen vielleicht auf Frege passen, auf mich gewiß nicht. Die <u>Zahl</u> 1 als Grundelement der Zahlenreihe wird von mir mit vollkommener Bestimmtheit erklärt in 71, 73, und die <u>Anzahl</u> 1 ergiebt sich ebenso im Satze 164 als Folge der allgemeinen Erklärung 161. Hierzu <u>darf</u> gar Nichts weiter hinzugefügt werden, wenn nicht eine Trübung eintreten soll.

d) S.123. Z.29-31. Dies ist schon durch die vorhergehende Bemerkung c) erledigt. Und wie würde wohl die größere Sicherheit und die geringere Weitläufigkeit sich <u>thatsächlich</u> gestalten?

e) S.124. Z.21-24. Der Sinn dieser Zeilen (sowie der vorhergehenden und nachfolgenden) ist mir nicht ganz deutlich. Soll hier etwa der Wunsch ausgesprochen sein, meine Definition der Zahlenreihe und der Aufeinanderfolge des Elementes n' auf das Element n wo möglich anzulehnen an eine <u>anschauliche</u> Reihe? Dem würde ich mich mit größter Bestimmtheit widersetzen, weil sofort die Gefahr entsteht, aus einer solchen Anschauung vielleicht unbewußt auch Sätze als selbstverständlich zu entnehmen, die vielmehr ganz abstrakt aus der logischen Definition von N abgeleitet werden müssen. Wenn ich n' das auf n <u>folgende</u> Element <u>nenne</u> (73), so soll das lediglich ein neuer <u>Kunstausdruck</u> sein, durch dessen Benutzung ich nur einige Abwechslung in meine <u>Sprache</u> bringe; diese Sprache würde noch einförmiger und abschreckender klingen, wenn ich auf diese Abwechslung verzichten und n' immer nur das <u>Bild</u> $\varphi(n)$ von n nennen müßte. Aber der eine Ausdruck soll genau dasselbe <u>bedeuten</u> wie der andere.

f) S.124. Z.33 – S.125. Z.7. Das in der dritten Zeile meiner Erklärung 73 gewählte Wort „lediglich" soll doch offenbar die einzige <u>Einschränkung</u> bezeichnen, welcher das unmittelbar vorhergehende Wort „gänzlich" zu unterwerfen ist; ließe man diese Einschränkung fallen, nähme also das Wort „gänzlich" in seinem <u>vollen</u> Sinne, so würde auch die Unterscheidbarkeit der Elemente wegfallen, welche doch für den Begriff des einfach unendlichen Systems unentbehrlich ist. Mir scheint daher dieses „lediglich" durchaus nicht überflüssig, sondern notwendig zu sein. Ich verstehe nicht, wie dies einen Anstoß erregen kann.

Indem ich meinen zu Anfang geäußerten Wunsch wiederhole und Sie bitte, die Ausführlichkeit meiner Erörterungen entschuldigen zu wollen, verbleibe ich mit größter Hochachtung

Braunschweig,   Ihr ergebenster

27. Februar 1890.   R. Dedekind.

Petrithorpromenade 24.

1890. 2. 27. Herrn Oberlehrer Dr. H. Keferstein. Hamburg.

Liederbuch 13
43

Hochgeehrter Herr Doctor!

Für Ihren freundlichen Brief vom 14. 2. M. und die darin ausgesprochene Bereitwilligkeit, meiner Entgegnung Gehör zu verschaffen, sage ich Ihnen meinen besten Dank. Doch möchte ich Sie bitten, in dieser Angelegenheit Nichts zu übereilen und erst dann einen Entschluß zu fassen, nachdem Sie, wenn Sie Zeit dazu haben, die euch letzten Erklärungen und Beweise in meiner Nachschrift noch einmal genau gelesen und durchdacht haben. Ich halte es nämlich für höchst wahrscheinlich, daß Sie sich dann in allen Punkten zu meiner Auffassung und Behandlung des Gegenstandes bekehren werden, und dies gerade darauf würde ich bei weitem den größten Werth legen, weil ich überzeugt bin, daß Sie wirklich ein ~~tatsächlich~~ lieber Fahrester für die Sache sind.

Um diese Auseinandung wo möglich zu befördern, möchte ich Sie bitten, den folgenden Gedankengang, der die Genesis meiner Schrift darstellt, Ihre Aufmerksamkeit zu schenken. Wie ist meine Schrift entstanden? Gewiß nicht in einem Tage, sondern sie ist eine nach langer Arbeit aufgebaute Synthese, die sich aus einer

vorausgehende Analyse der Reihe der natürlichen
Zahlen giebt, so wie diese sich, gewissermaßen
erfahrungsmäßig, näherer Betrachtung darbietet.
Welches sind die von einander unabhängigen
Grundeigenschaften dieser Reihe N, d. h. diejenigen Eigenschaften, welche sich nicht aus
einander ableiten lassen, aus denen aber
alle andere folgen? Und wie muß man
diese Eigenschaften ihres specifisch-arithme-
tischen Charakters entkleiden, der Art, daß
sie sich allgemeineren Begriffen und solchen
Thätigkeiten des Verstandes unterordnen,
ohne welche überhaupt kein Denken möglich ist,
mit welchen aber auch die Grundlage gegeben
ist für die Sicherheit und Vollständigkeit
der Beweise, wie für die Bildung widerspruchsfreier Begriffe, Erklärungen?

Stellt man die Frage in dieser Weise,
so wird man, wie ich glaube, mit Gewalt
auf folgende Thatsache gedrängt:

1) die Zahlenreihe N ist ein System von
Individuen oder Elementen, die Zahlen
heißen. Die Betrachtung führt zur allge-

meiner Betrachtung gar Systeme überhaupt (§. 1
meiner Schrift).

2) Die Elemente des Systems N stehen in gewisser Beziehung zu einander, in Folge einer
gewissen Ordnung, die zunächst darin besteht, daß
zu jeder Zahl n eine bestimmte Zahl n′, die
folgende oder nächst größere Zahl gehört. Dies
führt zur Betrachtung des allgemeinen Begriffes
einer Abbildung φ eines Systems (§. 2), und
da hier das Bild φ(n) einer jeden Zahl n wieder
eine Zahl n′ ist, so handelt es sich hier um
die Abbildung φ eines Systems N in sich selbst,
welche also allgemein zu untersuchen ist.
(§. 4).

3) Aus verschiedenen Zahlen a, b folgen auch
verschiedene Zahlen a′, b′; die Abbildung φ
hat also den Charakter der Deutlichkeit oder
Ähnlichkeit (§. 3).

4) Nicht jede Zahl ist eine folgende Zahl n′,
d. h. φ(N) ist echter Theil von N, und hierin
besteht (in Verbindung mit dem Vorhergehenden)
die Deutlichkeit des Zahlenreichs N (§. 5).

5) Und zwar ist die Zahl 1 die einzige Zahl,
welche sich nicht in φ(N) findet. Hieraus sind

4.

diejenigen Thatsachen aufgezählt, in welchen die
(S. 124 . Z. 8 – 14) den vollständigen Charakter einer
geordneten einfach unendlichen System N erblicken.

6) Aber ich habe in meiner Entgegnung (§. III) gezeigt, dass diese Thatsachen noch lange nicht
ausreichen, um das Wesen der Zahlenreihe N
vollständig zu erfassen. Alle diese Thatsachen
würden auch noch für jedes System S gelten,
welches außer der Zahlenreihe N noch ein System
T von beliebigen anderen Elementen t enthält,
auf welche die Abbildung φ so auf gewiesen ist,
dass sie den Charakter der Ähnlichkeit behält,
und dass φ(T) = T wird. Aber ein solches System
S ist offenbar etwas ganz Anderes, als unsere
Zahlenreihe N, und ich könnte es so einrichten, dass
in ihm kaum ein einziges der arithmetischen
Sätze bestehen bliebe. Was uns also zu den
bisherigen Thatsachen noch hinzu kommen, um
unser System S von solchen fremden in aller Ordnung
wendern fernzuhalten und nur N zu betrachten?
Dies war einer der schwierigsten Punkte meiner
Analyse, und seine Überwindung hat die längste
Nachdenken erfordert. Sollte man die Eigenschaft
der natürlichen Zahlenreihe N schon daraus und

erlaubt sich denngemäß eine arithmetische Über-
Druckzeichen, so hat man ja leicht Spiel, man
braucht nur zu sagen: ein Element n gehört
dann und nur dann der Reihe N an, wenn ich,
von dem Element 1 ausgehend, durch beständig
wiederholtes Weiterzählen, d.h. durch eine endliche Anzahl von Wiederholungen der Abbildung
φ (vergl. den Schluß von 131 meiner Schrift) wirklich einmal zu dem Element n gelange, während ich auf diese Weise niemals zu einem
der Reihe N fremden Element t gelange.
Aber diese ~~Art~~, die Unterschied zwischen den
aus 1 hierdurch auszutreibenden Elemente t
und den allein hierzu gehörenden Elemente n
zu charakterisieren, ist doch für unseren Zweck
gänzlich unbrauchbar, Sie enthielt ja einen
circulus vitiosus der schlimmsten und auffällig,
sten Art. Die bloßen Worte „die endlich einmal
hinkommen" thun es natürlich auch nicht, sie
würden nicht mehr Helfen als die Worte „Karam
sipo tatura", die ich augenblicklich erfinde,
ohne ihnen einen deutlich erklärten Sinn zu geben.
Also: wie kann ich, ohne irgend welche arithmetische
Kenntniß' vorauszu setzen, den Unterschied zwischen

des Elementes n nur t nachgebbar *begrifflich* bestimmen? Ganz allein durch die Betrachtung der Größen $(37, 44$ meiner Schrift$)$, durch diese aber auch vollständig! Wie ich den Inhalt drei „Reihe" genannten, so werde ich sagen: ein Element n von S gehört dann und nur dann der Reihe N an, wenn n Element jeder solchen Größe K von S ist, welche die doppelte Eigenschaft besitzt, daß das Element 1 in K enthalten ist, und daß das Bild $\varphi(K)$ Theil von K ist. Oder in meiner Ausdrucksweise: N ist die Gemeinheit 1_0 oder $\varphi_0(1)$ aller derjenigen Größen K (in S), in denen das Element 1 enthalten ist. Erst hierdurch ist der vollständige Charakter der Reihe N festgestellt. — Hierzu bemerke ich *beiläufig* Folgendes. Die „Begriffsschrift" und die „Grundlagen der Arithmetik" von Frege sind zum ersten Male im letzten Sommer (1889) auf kurze Zeit in meine Hände gelangt, wo ich habe mit Vergnügen gesehen, daß seine Art, das unmittelbare Folgen eines Elementes auf ein anderes in einer Reihe zu erklären, im Wesentlichen mit meinen Größen-Begriffen $(37, 44)$ übereinstimmt; was mich sich nur durch seine etwas unbequeme Ausdrucksweise nicht zurückschrecken lassen. —

in meiner Analyse

7) Nachdem der wesentliche Charakter der einfach unendlichen System, dessen abstractes Typus die Zahlenreihe N ist, erkannt war (71, 73), fragte es sich: existirt überhaupt ein solches System in unserer Gedankenwelt? Ohne den logischen Beweis, bequem würde es immer zweifelhaft bleiben, ob nicht der Begriff eines solchen Systems vielleicht innere Widersprüche enthält. Daher die Nothwendigkeit solcher Beweise (66 und, 72 meiner Schrift).

8) Nachdem auch dies festgestellt war, fragte es sich: liegt in dem bisherigen auch eine ausreichende Bezeichnungsmethode, um Sätze, die für alle Zahlen n gelten sollen, allgemein zu beweisen? Ja! die hinlängliche Induction, beruht recht auf dem sicheren Grundlage des Zahlen-Begriffs (59, 60, 80 meiner Schrift).

9) ferner: ist es auch möglich, die Definitionen für Zahlen, Operationen widerspruchsfrei für alle Zahlen n aufzustellen? Ja! dies wird durch den Satz 126 meiner Schrift in der That geleistet. —

Damit war die Analyse beendigt, und der systematische Aufbau konnte beginnen; es hat mir doch noch Mühe genug gemacht! Auch der

Leser meiner Schrift hat es wahrlich nicht leicht; außer dem gesunden Menschenverstande gehört auch noch ein sehr starker Wille dazu, um Alles zu verstehen, die durchzuarbeiten. —

Ich wende mich nun noch zu einigen Stellen Ihrer Abhandlung, die mir zu ~~verschiedenen~~ ~~besonderen~~ Veranlassung ~~gaben~~, um auch hier meine Auffassung gegenüber ~~der Ihrigen zu vertreten. Vielleicht tragen auch sie~~ ~~noch etwas zur Erklärung bei~~ die ich in meiner neulichen Entgegnung nicht angeführt habe, weil sie weniger wichtig sind; vielleicht werden aber meine darauf bezüglichen Bemerkungen noch Einiges zur Erklärung der Sache beitragen.

a) ~~Seite~~ 121, Z. 18. Weshalb wird hier von reinen Theile gesprochen? Eine Anzahl schreibe ich später (161 meiner Schrift) jedem wirklichen Systeme nur einen solches zu.

b) V. 122. Z. 8. Hier findet sich eine Verwechselung zwischen Abbildung und Bild; ~~Statt der~~ Statt Abbildung $\overline{\varphi}(S')$ " müßte es heißen " Abbildung $\overline{\varphi}$ des Systems S' ". Nicht $\overline{\varphi}(S')$, sondern $\overline{\varphi}$ ist eine Abbildung (das abbildende Maß), die aus dem System (Original) S' das Bild $\overline{\varphi}(S')$ = S erzeugt. Solche Verwechselungen können aber bei näherer Untersuchung recht gefährlich werden.

c) S. 123. Z. 1–2. Diese Worte mögen vielleicht auch Frege gelten, auch mir gewiß nicht. Die Zahl 1 als Grundelement des Zahlenreichs wird gar nur mit vollkommener Bestimmtheit erklärt in 71, 73, und die Anzahl 1 ergiebt für ein Satz 164 als Folge der allgemeinen Erklärung 161. Hierzu darf gar nichts weiter hinzugefügt werden, wenn nicht eine Trübung eintreten soll.

d) S. 123. Z. 29–31. Dies ist schon durch die vorher, gerade Bemerkung c) erledigt. Das ... würde nach die größere Sicherheit und die geringere Weitläufigkeit sich thatsächlich gestalten?

e) S. 124. Z. 21–24. Der Sinn dieser Zeilen (sowie der ... vorhergehenden und folgenden) ist mir nicht ganz deutlich. Soll hier etwa der Wunsch ausgesprochen sein, meine Definition der Zahlenreihe möglich ... und der Außenseite, folge ... Element n' auf das Element n je möglich anzusehen an eine anschauliche Reihe? Dem würde ich mit größter Be stimmtheit widersprechen, weil sofort die Gefahr entsteht, aus einer solchen Anschauung vielleicht unbewußt auch Sätze als selbstverständlich zu entnehmen, die vielmehr ganz abstract aus der logischen Definition von N ... abgeleitet werden müßten. Nenne ich n' das auf n folgende Element von N (73), so soll das lediglich ein meines Kunstausdruck sein, durch dessen Benützung ich nur einige Abwechslung in meine Sprache bringe'; sollte diese Sprache' würde noch einförmiger und abschreckender klingen', wenn ich auch diesen Abwechslung verzichtete und nur immer das Wort $\xi(\eta)$ gaben wollte'. Überall aber der eine Ausdruck soll genau dasselbe bedeuten wie der andere.

f) S. 124. Z. 33 — S. 125. Z. 7. Das in der dritten Zeile meiner Erklärung 73 bei gezählte Wort „lediglich" soll doch offenbar die einzige Einschränkung angeben bezeichnen, welche das unmittelbar vorhergehende Wort „gänzlich" unterworfen ist; ließe man diese Einschränkung fallen, nähme also das Wort „gänzlich" in seinem vollen Sinne, so würde auch die Unterscheidbarkeit der Elemente wegfallen, welche doch für den Begriff des einfach unendlichen Systems unentbehrlich ist. Mir scheint daher dieses „lediglich" durchaus nicht überflüssig, sondern nothwendig zu sein. Ich verstehe nicht, wie man daran Anstoß erregen kann. —

Indem ich das zu Anfang geäußerte Ersuchen wiederhole und die bitte, die Nachsichtlichkeit meiner Erörterungen nachsichtig zu wollen, verbleibe ich mit größter Hochachtung

Braunschweig,
27. Februar 1890.
Petrithorpromenade 24.

Ihr
ergebenster
R. Dedekind.

2. Dedekinds Zahlenschrift – Eckstein und Stein des Anstoßes.

2.1.   Das Thema hat einen historischen Aspekt und einen theoretisch-zukunftsweisenden. Die Erörterung des ersteren wird zeigen, daß die von Dedekind vorgezeichneten Wege immer noch darauf warten, endlich wieder begangen zu werden, d. h. der zweite Aspekt ist so aktuell wie eh und je[1].

„Das Unendliche" als begriffliches Problem, von Dedekind vor über 120 Jahren ein für alle Mal erledigt, geistert immer noch durch die Literatur, und Dedekinds „Zahlenschrift" (von ihm so genannt) wird gerne etwas scheel angesehen, noch lieber schlicht ignoriert, jedenfalls de facto, an äußerlicher Würdigung fehlt es nicht.

Das hat inhaltliche und andere Gründe. Kein mathematischer Begriff ist so tief und vielfältig in unserem Denken verwurzelt wie der einer natürlichen Zahl, und das von Kindesbeinen an. Kroneckers berühmten Ausspruch *Die ganzen Zahlen hat der liebe Gott gemacht, alles andere ist Menschenwerk*[2] kann man daher gut verstehen.

Weniger gut kann ich Hilbert verstehen, dessen Name wie kein anderer mit dem axiomatischen Denken assoziiert wird (*Man muß jederzeit an Stelle von Punkten, Geraden, Ebenen auch Tische, Stühle, Bierseidel sagen können*[3]), und der im Gegensatz zu Kronecker die aufkommende Mengenlehre und auch Cantor sowie Zermelo persönlich nach Kräften gefördert hat. 1925, also fast 40 Jahre nach Dedekinds Zahlenschrift, stellt er das *Problem des Unendlichen im Sinne der unendlichen Gesamtheit* vor (ohne Dedekinds Definition auch nur zu erwähnen) und beschreibt seine Klärungsversuche [11] (natürlich mittels Beweistheorie). Dedekind wird folgendermaßen erwähnt:

Schon die beiden um die Grundlagen der Mathematik hochverdienten Mathematiker Frege und Dedekind haben — unabhängig voneinander — das aktual Unendliche angewandt und zwar zu dem Zwecke, die Arithmetik unabhängig von aller Anschauung und Erfahrung auf reine Logik zu begründen und durch diese allein zu deduzieren. Dedekinds Bestreben ging sogar soweit, die endliche Anzahl nicht der Anschauung zu entnehmen, sondern unter wesentlicher Benutzung des Begriffes der unendlichen Mengen rein logisch abzuleiten.

---

[1]Aus dem Nachwort der Herausgeber von Dedekinds Ges. Werken (1932):
Es ist ein Zeichen, wie Dedekind seiner Zeit voraus war, daß seine Werke noch heute lebendig sind, ja daß sie vielleicht erst heute ganz lebendig geworden sind.

[2]Laut H. Webers Nachruf [Jahrber. DMV 2 (1892)] auf der Berliner Naturforscherversammlung 1886 getan, also bevor Dedekinds Zahlenschrift erschienen war.

[3]Vergleiche mit folgendem, sich ebenfalls auf die euklidische Geometrie beziehenden Passus aus Dedekinds Brief vom 27. Juli 1876 an R. Lipschitz [Ges. Werke III, 479]:
Eine untrügliche Methode einer solchen Analyse besteht für mich darin, alle Kunstausdrücke durch beliebige neu erfundene (bisher sinnlose) Worte zu ersetzen, das Gebäude darf, wenn es richtig construirt ist, dadurch nicht einstürzen, und ich behaupte z.B., daß meine Theorie der reellen Zahlen diese Probe aushält.

Insbesondere war es ein von Zermelo und Russell gefundener Widerspruch, dessen Bekanntwerden in der mathematischen Welt geradezu von katastrophaler Wirkung war. Angesichts dieser Paradoxien gaben Frege und Dedekind ihren Standpunkt auf und räumten das Feld: Dedekind trug lange Bedenken, von seiner epochemachenden Abhandlung „Was sind und was sollen die Zahlen" eine Neuauflage zuzulassen; und auch Frege . . . .

Schon Kant hat gelehrt — und zwar bildet dies einen integrierenden Bestandteil seiner Lehre —, daß die Mathematik über einen unabhängig von aller Logik gesicherten Inhalt verfügt und daher nie und nimmer allein durch Logik begründet werden kann, weshalb auch die Bestrebungen von Frege und Dedekind scheitern mußten.

Wenn schon Kant, dann auch Bolzano [4], sei es auch nur der „selbstdenkenden Köpfe in Deutschland" wegen:

Ich meines Teils will nur gleich offenherzig bekennen, daß ich mich bis zur Stunde – wie von der Wahrheit so mancher anderen Lehren der kritischen Philosophie – so insbesondere auch von der Richtigkeit der Kantischen Behauptungen über die reinen Anschauungen und über das Konstruieren der Begriffe durch sie, nicht habe überzeugen können. Ich glaube noch immer, daß schon in dem Begriffe einer reinen (d. h. apriorischen) Anschauung ein innerer Widerspruch liege; und noch weit weniger kann ich mich überreden, daß der Begriff der Zahl notwendig in der Zeit konstruiert werden müsse, und daß sonach die Anschauung der Zeit zur Arithmetik wesentlich gehöre. Da ich im Anhange zu dieser Abhandlung mehreres hierüber sage, so begnüge ich mich, hier nur hinzuzufügen, daß es der selbstdenkenden Köpfe in Deutschland noch manche und noch gar viele gibt, welche mit diesen Behauptungen Kants ebensowenig einverstanden sind wie ich.

Lassen wir noch Dedekind selbst zu Worte kommen [Vorwort zu der von Hilbert angesprochenen dritten Auflage (1912)]. Nach *das Feld räumen* hört sich das jedenfalls nicht an:

Als ich vor etwa acht Jahren aufgefordert wurde, die damals schon vergriffene zweite Auflage dieser Schrift durch eine dritte zu ersetzen, trug ich Bedenken, darauf einzugehen, weil inzwischen sich Zweifel an der Sicherheit wichtiger Grundlagen meiner Auffassung geltend gemacht hatten. Die Bedeutung und teilweise Berechtigung dieser Zweifel verkenne ich auch heute nicht. Aber mein Vertrauen in die innere Harmonie unserer Logik ist dadurch nicht erschüttert; ich glaube, daß eine strenge Untersuchung der Schöpferkraft des Geistes, aus bestimmten Elementen ein neues Bestimmtes, ihr System zu erschaffen, das notwendig von jedem dieser Elemente verschieden ist, gewiß dazu führen wird, die Grundlagen meiner Schrift einwandfrei zu gestalten.

Das Schlüsselwort heißt also *Analyse*, wie im Kefersteinbrief.

2.2. Hilbert scheint den Gebrauch des *aktual Unendlichen*, d. h. unendlicher Mengen, wegen der Antinomien als anrüchig zu empfinden. In [10] jedoch (also drei Jahre zuvor), wo weniger gegen Dedekind als gegen Weyl, Brouwer und den „Verbotsdiktator" Kronecker Front gemacht wird, äußert er sich so:

*Und die Paradoxien der Mengenlehre können nicht als Beweis dafür ange-
sehen werden, daß der Begriff der Menge von ganzen Zahlen zu Widersprüchen
führt. Im Gegenteil: alle unsere mathematischen Erfahrungen sprechen für die
Korrektheit und Widerspruchsfreiheit dieses Begriffes.*

Gegen Dedekind bleibt nur ein Vorwurf: *sein klassischer Irrtum bestand
darin, daß er das System aller Dinge als Ausgang nahm.* Dedekind ging es allein darum, die Existenz einer unendlichen Menge nachzuweisen; wenn diese nun einfach vorausgesetzt wird, dann müßte die ganze Sache doch eigentlich ganz im Sinne Hilberts sein[4].

Er versucht aber sein Glück auf einem anderen Wege, nach dem Motto *Am
Anfang ist das Zeichen.* Der Spott läßt nicht lange auf sich warten [16]: *Ist das
eine Grundlage für Zahlentheorie? Zweifellos nicht. Man erhält so, wenn man
die nötige Phantasie hat, hübsche Zierleisten oder Tapetenborten und für jede
eine Fabrikmarke, aber keine Mathematik.* Hilberts Assistent Bernays wird zu einer Entgegnung verdonnert und darf den Spötter über den Unterschied zwischen *Figur* und *Gestalt* belehren [2], eine gerechte Strafe (im voraus) für die Behauptung in [1], Frege und Dedekind hätten ihre Untersuchungen aufgrund der Russellschen Antinomie zurückgezogen.

Wie Bernays schreibt [1] und Hilbert auch selbst kundgibt [12], schließt er sich später Kroneckers Auffassung an, d. h. er überläßt die Sache mit den ganzen Zahlen doch lieber dem lieben Gott.

Mit Kronecker ist es umgekehrt: Kaum ist sein großes Wort ausgesprochen, überkommt ihn schon die Lust, dem lieben Gott ein wenig nachzuhelfen [15], und zwar unter Voraussetzung der Ordinalzahlen: *In diesen besitzen wir einen
Vorrath gewisser, nach einer festen Reihenfolge geordneter Bezeichnungen, wel-
che wir einer Schaar verschiedener und zugleich für uns unterscheidbarer Ob-
jecte beilegen können.*

2.3. In welchem Sinne hat Dedekind eigentlich das Unendliche als begriffliches Problem erledigt? In haargenau demselben Sinne wie auch *Konvergenz* erledigt wurde, also durch eine explizite mathematische Definition.

Eine solche Definition, die ein bis dato eigenständiges Element mathematischen Denkens eliminieren soll, ist immer mit einer gewissen Willkür behaftet. Ihre Natürlichkeit bedarf „einer vorausgehenden Analyse" der relavanten mathematischen Natur „so wie diese sich, gewissermaßen erfahrungsmäßig, unserer Betrachtun darbietet" [§ 1].

---

[4]Ohne den anschaulichen Endlichkeitsbegriff wäre aber Hilberts *finitem Standpunkt* und überhaupt seiner ganzen Beweistheorie der Boden entzogen.

Idealerweise führt diese Analyse zu einer Charakterisierung des in Frage stehenden Begriffes, die dann einfach *Definition* genannt wird. Stattdessen könnte man auch vereinbaren, alles etwa mit Unendlichkeit oder Konvergenz verbundene zu vergessen bis auf eben jene Charakterisierung.

Während der moderne Konvergenzbegriff längst täglich Brot für jeden Studenten ist – ohne ihn wäre die höhere Analysis ein einziges Wühlen im Schlamm – fehlt der erzieherische Druck beim (Un)Endlichen: alles vertraute läßt sich aus Dedekinds Definition rekapitulieren.

Analyse – Vergessen – Synthese, dieser Dreiklang ist für mich die Essenz einer inhaltlich verstandenen Grundlagentheorie der Mathematik.

Dedekind drückt es so aus: *Was beweisbar ist, soll in der Wissenschaft nicht ohne Beweis geglaubt werden* [7], und Hilbert spricht von der *Tieferlegung der Fundamente* [Axiomatisches Denken. Math. Ann. 78, 405-415 (1918)].

Erst seziert man, dann konstruiert man, so beschreibt Egon Friedell in seiner *Kulturgeschichte der Neuzeit* [Verlag C. H. Beck, München 1927/2012] die Methode Descartes'.

2.4.   Was sollte man natürlicherweise unter dem Begriff *Grundlagen der Mathematik* verstehen, und was dabei unter *Mathematik*?

Unter *Mathematik* verstehe ich (hier) das, was ich in meinem akademischen Leben als Mathematik kennengelernt habe: Sie hat Mengen und Abbildungen im Sinne Dedekinds und Cantors (cum grano salis[5]) zum Gegenstand, genauer *Aussagen* über Mengen und Abbildungen, und stellt die Aufgabe, aus solchen Aussagen weitere Aussagen zu gewinnen[6]. Wir könnten diese real existierende Mathematik auch *Cantorsche Mathematik* oder (nach Hilbert) *Cantors Paradies* nennen. Zu den Grundlagen der Mathematik, den Elementen mathematischen Denkens, führt die Analyse eines ziemlich beliebigen Stücks Mathematik (Beweis eines halbwegs anspruchsvollen Satzes, vergleichbar mit etwas Erde in der Hand des Chemikers) durch fortwährendes Fragen *Was ist das?*, *Warum gilt das?*. In begrifflicher Hinsicht führt das zu folgenden Fragen:

Was ist eine Menge?
Was ist eine Abbildung?
Was ist eine Relation?
Was ist Gleichheit?
Was ist ein Paar (und eine Folge)?
Was ist eine Eigenschaft (etwa der Elemente einer Menge)?
Was ist Existenz?

---

[5]Unter dem Einfluß der Antinomien sagt man gelegentlich *Klasse* statt *Menge*.
[6]Kaplanski: Our business is theorems.

In der Mathematik wird so oder so die Existenz einer unendlichen Menge vorausgesetzt, und damit erledigt sich fürs erste der Themenkreis *Zahlen und (Un)Endlichkeit*. Ihn aus dem Dunst des Gottgegebenen, Evidenten, Anschaulichen herausgelöst und Cantors Paradies einverleibt zu haben, ist das Hauptverdienst von Dedekinds Zahlenschrift(en).

Ich möchte mich mit obigen Fragen im Geiste Dedekinds befassen, wie er in seiner Zahlenschrift und im Kefersteinbrief zum Ausdruck kommt. Dabei sind vor allem die naiv-anschaulichen Begriffe *endlich, natürliche Zahl, Folge* als vergessen anzusehen, und diese Prämisse macht die im 20. Jahrhundert entstandenen, unter dem terminus technicus *Grundlagen* firmierenden Theorien hinfällig (Mathematische Logik, Beweistheorie, axiomatische Mengenlehre[7]). Mit ihnen setzte sich schon vor gut 50 Jahren ein „selbstdenkender Kopf" auseinander: Bernays' Schüler Wittenberg, in seinem Buche [18].

S. 17: *Es waren vor etwa fünfzig Jahren in den Grundlagen der Mathematik Schwierigkeiten aufgetaucht, die für die Mathematiker ein eigentliches Schockerlebnis darstellten und den Ausgangspunkt für die moderne mathematische Grundlagenforschung abgaben, ohne daß diese doch – bei aller Bedeutsamkeit ihrer Ergebnisse – jene Schwierigkeiten in befriedigender Weise zu beseitigen vermocht hätte. Den Schlüssel zu der vorliegenden Arbeit bildete nun die Einsicht, dass als das eigentliche durch jene Schwierigkeiten aufgeworfene Problem das Problem der K r i t e r i e n[8] angesehen werden muß, unter denen zu mathematischen Grundlagenfragen Stellung zu nehmen ist. In der Tat entstanden im Gefolge jener Schwierigkeiten Meinungsverschiedenheiten darüber, was in der mathematischen Begriffsbildung und im mathematischen Schließen als «zulässig» angesehen werden soll und was nicht; die sich daraus ergebenden Diskussionen zeichneten sich durch hochgradige Willkür aus; sie stellten dogmatische und stark subjektive Auseinandersetzungen zwischen einzelnen Mathematikerpersönlichkeiten dar, ohne dass klar würde, welches die objektiven und zwingenden Kriterien seien, denen sich jene Meinungsverschiedenheiten unterzuordnen hätten.*

S. 293: *so ergibt sich, dass im Endeffekt der Formalismus im wesentlichen lediglich neuartige mathematische Disziplinen erschlossen hat, die als solche interessant und vielversprechend sind, die aber mit der ursprünglichen Aufgabestellung einer Klärung der Verhältnisse in den Grundlagen der Mathematik nicht mehr sehr viel zu tun haben.*

---

[7]Gemeint ist ihre postzermelosche Ausprägung. Nicht nur in [20], auch noch in [21] liegt Zermelo auf der Linie Dedekinds; so wirft er Fraenkel vor, er verfahre konstruktiv, *was dem Zweck und Wesen der axiomatischen Methode im Grunde widerspricht und außerdem vom Begriffe der endlichen Anzahl abhängt, dessen Klärung doch gerade eine der Hauptaufgaben der Mengenlehre sein sollte.*

[8]Im Originaltext *kursiv*.

2.5. Das gesamte Grundlagenthema auf den Punkt gebracht hat schon Augustinus von Hippo (354-430): *Was ist also die Zeit? Wenn mich das niemand fragt, weiß ich es. Wenn ich es aber einem erklären möchte, der mich fragt, weiß ich es nicht.* So ähnlich hat einmal ein Kollege den Versuch eines Prüflings abgebrochen, den Begriff einer Funktion zu erklären: *Man kann es nicht definieren, man sieht sich gegenseitig fest in die Augen und ist sich einig, daß man darunter dasselbe versteht.* Aus dem mit der Erkenntnis des Nichtwissens hinsichtlich reeller Zahlen verbundenen Unbehagen, dem Zwang, sich auf geometrische Evidenzen und Anschauungen berufen zu müssen, erwuchs Dedekinds *Stetigkeit und irrationale Zahlen* [6]:

Für mich war damals das Gefühl der Unbefriedigung ein so überwältigendes, daß ich den festen Entschluß faßte, so lange nachzudenken, bis ich eine rein arithmetische und völlig strenge Begründung der Prinzipien der Infinitesimalanalysis gefunden haben würde.

Und sie wurden gewahr, daß sie nackt waren. Daran fühlen wir uns erinnert, und damit an Hilberts Botschaft *Aus dem Paradies, das Cantor uns geschaffen, soll uns niemand vertreiben können* [9]. Wie dies zu bewerkstelligen sei, deutet Heinrich von Kleist in seiner Erzählung *Über das Marionettentheater* an:

Mithin, sagte ich ein wenig zerstreut, müßten wir wieder von dem Baum der Erkenntnis essen, um in den Stand der Unschuld zurückzufallen? Allerdings, antwortete er, das ist das letzte Kapitel von der Geschichte der Welt.

Salopp ausgedrückt: Zurück zur Natur? Ja, also volle Kraft voraus!

2.6. Wo Licht ist, ist auch Schatten, und aus Fehlern und Schwächen kann man lernen. Was also gibt es an Dedekind auszusetzen? Beginnen wir mit seinem „klassischen Fehler", das „System S aller Dinge" vorauszusetzen (und übergehen wie Hilbert seine tatsächliche, seine *Gedankenwelt* und sein *eigenes Ich* involvierende Argumentation mit freundlichem Schweigen).

Daß S zu einem Widerspruch führt, wie auch die hypothetische Menge $\mathcal{M}$ aller Mengen, folgt sofort aus Cantors Satz, daß die Potenzmenge $\mathcal{P}(M)$ einer Menge M mächtiger ist als M. Er wird bewiesen, indem man zu einem angenommenen injektiven $\alpha : \mathcal{P}(M) \to M$ die Menge R aller $x \in \text{Bild}(\alpha)$ mit $x \notin x\alpha^{-1}$ betrachtet. Für $M = S$ und $\alpha = \text{id}_{\mathcal{P}(M)}$ ergibt sich die Russellsche Menge R aller Mengen, die sich nicht als Element enthalten, und $\mathcal{M}$ anstelle S führt zu der Menge aller Mengen von Mengen, die sich nicht als Element enthalten.

Das ist der ernste Hintergrund der auf den ersten Blick etwas exotisch anmutenden Russellschen Antinomie; denn der Grundgedanke hinter dem Mengenbegriff besteht doch darin, mathematisch interessante gleichartige Dinge in einer Menge zu vereinen, warum also nicht die Mengen selbst?

Und wenn $\mathcal{M}$ wie S nicht existiert, weshalb existiert dann etwa die Menge $\{2,3\}$ oder $\{5\}$, oder die leere Menge, das leere „System", welches Dedekind übrigens *aus gewissen Gründen hier ganz ausschließen* will, *obwohl es für andere Untersuchungen bequem sein kann, ein solches zu erdichten* [7].

Die Existenz eines mathematischen Objektes, vorrangig einer Menge, genauso aber einer Abbildung, kann nicht von der Dichtkunst eines Menschen abhängen, auch nicht von der *Schöpferkraft des menschlichen Geistes*, d.h. nicht von der psychologischen Tätigkeit des *Zusammenfassens* und *Zuordnens*. Nein! Das beharrliche kindliche Fragen *Warum?*, d.h. die von Dedekind angemahnte *strenge Untersuchung der Schöpferkraft des menschlichen Geistes*, ... [2.1], fördert folgendes Prinzip ans Tageslicht, das für einen Mathematiker eigentlich eine Selbstverständlichkeit sein sollte:

> *Die Existenz eines mathematischen Objektes muß vorausgesetzt oder bewiesen werden, tertium non datur!*

Auf dieser Basis können S und $\mathcal{M}$ dann fröhliche und durch Widerspruchsgeister a priori ungefährdete Auferstehung feiern, per Voraussetzung natürlich. Daneben existiert dann aber erstmal nichts.

Wittenberg [S. 69]: *Ein Widerspruch ist das Alarmsignal, welches anzeigt, dass man den Weg der Wahrheit verlassen hat.*

So wie Schmerzen im menschlichen Organismus körperliche Mängel signalisieren, weisen die Antinomien auf Mängel in unserem mathematischen Denken hin. Und es ist ein bekanntes medizinisches Phänomen, daß das Verlangen nach Schmerzminderung zu einem körperlichen Fehlverhalten führen kann, und daß deshalb (zwecks Vermeidung von Folgeschäden) manchmal Betäubungsmittel verabreicht werden.

Das erinnert zum einen an die r.e. Mathematik: sie ignoriert de facto die Antinomien und bleibt dadurch natürlich; zum andern an Dedekinds Verlangen [2.1], daß ein System notwendig von jedem seiner Elemente verschieden sei; denn ohne die Russellsche Antinomie käme kein Mathematiker auf die Idee, letzteres zu thematisieren, weil es einfach nicht die geringste mathematische Bedeutung hat.

Mit der unausweichlichen Konsequenz, die Existenz einer unendlichen Menge einfach vorauszusetzen, hätte Dedekind sich wohl nicht so leicht abgefunden:

Ohne den logischen Existenzbeweis würde es immer zweifelhaft bleiben, ob nicht der Begriff eines solchen Systems vielleicht innere Widersprüche enthält.

Na und? Absolute Sicherheit gibt es nirgends, daran ändert auch der schönste Widerspruchsfreiheitsbeweis nichts, und es gibt keine voraussetzungslose Mathematik. Lies Dedekinds Motto [2.3] daher mit folgendem Zusatz: *Und was nicht beweisbar ist, sollte (soweit benötigt) explizit vorausgesetzt werden.*

In einer inhaltlichen Grundlagentheorie geht es also darum, durch Vergessen das einfach geglaubte, inbesondere den Bestand an *augustinischen* (inhaltlichen) Begriffen, auf seinen innersten Kern zu reduzieren, und dann über geeignete Voraussetzungen das Vergessene so weit wie möglich zu rekonstruieren.

Ein externer unverbildeter Beobachter der mathematischen Szene, der einfach das *Tun* der Mathematiker studiert (vielleicht um selber einer zu werden[9]) vermag nichts anderes wahrzunehmen als Kommunikation. Daher die Erwartung, daß nach allem Vergessen und Eliminieren ein rein sprachliches allertiefstes Fundament erscheinen wird.

In seiner Grundbedeutung *zeigt* ein Zeichen etwas, es informiert, teilt mit, gibt ein Wissen weiter oder eine *Weisung* (Wegweisung, Be*weis*).

Das rückt Hilberts *Am Anfang ist das Zeichen* in die Nähe des biblischen *Im Anfang war das Wort*. Schließen möchte ich aber mit einem anderen Bibelwort: *Der Stein, den die Bauleute verworfen haben, ist zum Eckstein geworden.*

3. Was ist Gleichheit?

3.1. In der Mathematik wird *Gleichheit* durchweg als *Identität* verstanden, ein Begriff, der einer rationalen Beschreibung nicht fähig ist und daher auch *philosophisch-logische Gleichheit* genannt wird, ein augustinischer Begriff also, zugleich eine Hauptkomponente des paradiesischen an Cantors Paradies. Mit ihm Hand in Hand geht ein naiv-gegenständlicher Objektbegriff.

In Anfängervorlesungen pflegen wir aber die „Gleichheit" von Mengen (und Abbildungen) zu definieren, und können nicht mehr als Reflexivität, Symmetrie und Transitivität nachweisen. Gleichzeitig wird den Studenten eingehämmert, daß sie in eine Definition nicht mehr hineininterpretieren dürfen als logisch aus ihr abgeleitet werden kann, ganz gleichgültig, welche Assoziationen die verwendeten Worte und Symbole (hier *Gleichheit* und =) hervorrufen (do what I say, not what I do). Folgende Standpunkte bieten sich an:

1) Gleichheit (= Identität) wird als gottgegeben voraus- und die von Mengen wie von Abbildungen axiomatisch festgesetzt.

Aus „Definitionen" werden also Voraussetzungen.

2) Gleichheit wird generell nur als Äquivalenzrelation verstanden.

2a) Die Gleichheit von Elementen einer Menge, oder sogar die von beliebigen Dingen, wird ganz allgemein irgendwie definiert.

2b) Die Gleichheitsbeziehung auf einer Menge M gehört genau so zu M wie zu einer Gruppe G eine Multiplikation[10]. Die Voraussetzung „M Menge" schließt ein, daß auf M eine Äquivalenzrelation = (oder $=_M$) gegeben ist.

---

[9]So wie theoretisch ein „guter" Prediger oder Politiker werden kann, wer den richtigen Gebrauch gewisser Worte lernt (ohne deren Inhalt zu kennen).

[10]Der *Grundmenge* von G entspricht bei dieser Analogie der *Grundbereich* von M.

Wie die einer jeden mathematischen Theorie, so sind auch die Grundbegriffe der Mathematik insgesamt so zu gestalten, daß sie gut miteinander harmonieren und flexibel sind, mit guten Vererbungseigenschaften, ohne irrelevanten Ballast. Dazu ein schönes Zitat aus dem Buche *Physik der Gegenwart* (Athenäum Verlag, Bonn 1952) von C. F. v. Weizsäcker und J. Juilfs:

Ein physikalisches Gesetz beweist sich wie ein Licht, das in einem dunklen Raum aufgeht, durch die Ordnung, die es sichtbar macht.

Auch unter den früher erläuterten Prinzipien ist 2b die kanonische Option, weil sie mit einem Minimum an Information verbunden ist, mit einem Maximum an Vergessen. Das soll uns aber nicht davon abhalten, auch andere Ansichten zu erörtern.

3.2. De jure scheint Dedekind die Gleichheit (Identität) von „Dingen" auf das Leibnizsche *Eadem sunt quae sibi ubique substitui possunt, salva veritate* zu gründen:

Ein Ding a ist dasselbe wie b (identisch mit b), und b dasselbe wie a, wenn alles was von a gedacht werden kann, auch von b, und wenn alles, was von b gilt, auch von a gedacht werden kann.

Gemeint ist wohl: Was für a gilt, gilt auch für b, und umgekehrt. Als angebliche Konsequenz aus diesem Gleichheitskriterium für Dinge präsentiert er das Kriterium

$$(*) \quad x \in A \iff x \in B$$

für die Gleichheit von Mengen A, B. Er müßte also fähig sein, aus $(*)$ und $A \in A$ dieselbe Eigenschaft $B \in B$ von B herzuleiten, was aber wohl kaum möglich ist.

3.3. Somit ist auch das Thema *Gleichheit* ein Schwachpunkt in Dedekinds Zahlenschrift. Anzuerkennen ist aber, daß er es überhaupt anspricht und nicht wie die Masse der Mathematiker einfach ignoriert oder mit dem bequemen Attribut *logisch* abhakt. Auch Zermelo [20] ist es nur eine notationelle Randbemerkung wert:

(A) *Sollen zwei Symbole a und b dasselbe Ding bezeichnen, so schreiben wir a = b, im entgegengesetzten Falle a ≠ b.*

Das kritisiert Fraenkel [8] in einem schönen und ebenso wohlberechtigten Pendant zu Zermelos Kritik (Fußnote 7):

Diese dem f o r m a l e n Charakter der axiomatischen Methode nicht ganz angepaßte Zurückführung der Gleichheit auf die i n h a l t l i c h geprägte Beziehung der Identität kann natürlich für die Zwecke der Mengenlehre nicht ausreichen.

Dann weist er auf das gerade eben ausgenutzte Phänomen hin, daß sich nämlich allem Anschein nach aus Zermelos *Axiom der Bestimmtheit*

(B) $A = B \iff x \in A \Leftrightarrow x \in B$ (für alle Objekte x)

nicht die duale Regel

(C) $a = b \iff a \in M \Leftrightarrow b \in M$ (für alle Mengen M)

für Mengen a, b ableiten läßt. Er erwägt die Möglichkeit, = (neben $\in$) als *zweite und gleichberechtigte undefinierte Grundbeziehung* einzuführen und (C) wie (B) axiomatisch zu fordern (wie in [3]). Das habe aber den Nachteil, *das Axiomensystem mit z w e i undefinierten Grundbeziehungen und mit z w e i „relationalen" Axiomen (B) und (C) – neben den unverändert bleibenden existenzialen Axiomen – zu belasten.* Er schlägt nun die Zusatzannahme[11]

(D) $a \in X \implies a$ ist Menge

vor, wie aus anderen Gründen schon in [9], weil dann durch (B), gelesen als Definition, auch die Gleichheitsbeziehung für die Elemente einer Menge definiert wäre. Außerdem wäre (C) zu fordern[12].

Echte Zusatzannahmen sind das Gegenteil von Vergessen. Sie laufen auf eine Höherlegung der Fundamente statt einer Tieferlegung hinaus.

Zermelo [19]: *In der Tat müssen die Prinzipien aus der Wissenschaft, nicht die Wissenschaft aus ein für allemal feststehenden Prinzipien beurteilt werden.*

Sein *Auswahlaxiom* bringt in der Tat nur ein bis dato unbewußt angewandtes Denkgesetz ans Tageslicht, es ist keine echte Zusatzannahme.

Auch (C) entspricht nicht ganz der mathematischen Natur: Nirgends in der Mathematik spielen die ein Objekt a enthaltenden Mengen M irgendeine Rolle, außer es handelt sich um Teilmengen einer gegebenen Menge mit Element a. Für Elemente a, b und Teilmengen M einer Menge X ist (C) allerdings ein wichtiges Denkgesetz, dem aber nicht mit Brachialgewalt Geltung verschafft werden sollte, sondern über die ohnehin nötige Anpassung des Begriffes *Teilmenge* an die durch die Abkehr von der Identität geschaffenen neuen Verhältnisse: Eine Teilmenge einer Menge X ist eine Menge M mit

(a) $a \in M \implies a \in X$,

(b) $a =_M b \iff a =_X b$ (für $a, b \in M$),

(c) $a =_X b \in M \implies a \in M$.

---

[11]Die Tatsache, daß es sich um eine solche handelt, wird in der Literatur oft dadurch verbrämt, ja geradezu in ihr Gegenteil verkehrt, daß man von einem *Verzicht auf Urelemente* spricht.

[12]Wie Fraenkel bemerkt, kann = genausogut durch (C) definiert werden, dann mit (B) als Axiom. Ganz unabhängig von (D) kann (C), gleichsam eine Mathematisierung der Leibnizregel, auch als Gleichheitsdefinition für allgemeine Objekte dienen. So oder so, es macht nicht den geringsten Unterschied, stattdessen = als „gleichberechtigte undefinierte Grundbeziehung" einzuführen und dann mittels (B)(C) festzunageln.

Dadurch ändert sich in der mathematischen Praxis nichts:

Die Frage, ob eine Menge M Teilmenge einer Menge N ist, stellt sich nur, wenn M und N Teilmengen einer Menge X sind, und dann genügt $a \in M \Rightarrow a \in N$. Außerdem haben die natürlicherweise vorkommenden Teilmengen (im alten Sinne) immer auch die Eigenschaften (b) und (c)[13].

3.4. Immerhin reduziert Fraenkels Vorgehen die Gleichheitsbeziehung auf den Rang einer Äquivalenzrelation, es entspricht 2a. Die damit verbundenen Probleme allerdings scheint er nicht zu sehen. An sie denkt Bernays vielleicht, wenn er sich in [3] zu genau der Ansicht bekennt, die doch laut Fraenkel „natürlich für die Zwecke der Mengenlehre nicht ausreichen kann".

S. 52: *We do not introduce here equality by an explicit definition, because we want to suggest the interpretation of equality as individual identity, whereas by 2.9 or 2* taken as definition, equality is introduced only as an equivalence relation.*

Pikanterweise ist Fraenkel Mitautor von [3] und zuständig für die historische Einleitung, in der das Thema Gleichheit noch einmal recht ausführlich besprochen wird. Insbesondere listet er die drei möglichen Sichtweisen auf (1, 2a, 2b in 3.1), mit seiner Präferenz für 2a, genau wie oben beschrieben. Bernays bleibt aber Fraenkels Zusatzaxiom (D) treu, und dafür muß dann sogar Dedekind herhalten:

Thus our axiom of extensionality implies the assumption that all elements in our system are themselves sets. This – at the first glance astonishing – feature, common to most newer axiomatic systems of set theory, can be understood as a result of an extension of Dedekind's method of introducing the real numbers, which indeed have the role of elements in analysis, as sets. In view of the program of embracing all classical mathematics in the system of set theory, we are induced to strengthen the said Dedekind procedure to the effect that all mathematical objects become sets, and in fact from this device considerable simplifications are arising.

Dedekind war zwar seiner Zeit weit voraus, aber seine Bezeichnung *Körper* bezog sich ursprünglich nur auf Teilkörper des komplexen Zahlkörpers.

Immerhin betont er, daß nicht seine „Schnitte" als reelle Zahlen zu verstehen seien, sondern daß jeder Schnitt eine reelle Zahl „erschaffe", daß seine so erschaffenen reellen Zahlen den Schnitten nur bijektiv entsprechen. Er vermeidet es also, ganz im Sinne des modernen axiomatischen Standpunkts, seine reellen Zahlen mit irrelevantem Ballast zu belasten.

---

[13]Die Verträglichkeit mit = ist natürlich grundsätzlich in jedem Einzelfall zu überprüfen, wie auch bei Abbildungen und Relationen.

3.5. Fraenkels weitere Ausführungen in [3] führen schnell zu den Problemen, die mit der Aufgabe des Identitätsbegriffes verbunden sind. Diese sind ganz unabhägig von (D), gelten also genauso für Cantors Paradies. Betrachten wir etwa die Einführung der Potenzmenge (Axiom IV):

For any set s, there exists the set whose elements are all subsets of s.

Weiter: *This set is called the power-set of s and denoted by* $\Pi(s)$.

Die Worte *the* und *this* deuten darauf hin, daß es „nur eine" solche Menge gibt, aber das bedeutet doch nur, daß alle solche Mengen *whose elements are all subsets of s* äquivalent sind im Sinne der Äquivalenzrelation =. Wie also ist es möglich, von $\Pi(s)$ zu reden? Nur auf eine Weise: Indem eine entsprechende Abbildung Π – und zwar im ursprünglichen Dedekindschen Sinne – explizit vorausgesetzt wird, d. h. Axiom IV wäre etwa so zu formulieren:

Π *ist eine Abbildung, die jeder Menge s eine Menge* $\Pi(s)$ *zuordnet, derart daß die Teilmengen von s die Elemente von* $\Pi(s)$ *sind.*

Ohne (D) ist noch vorauszusetzen, daß die Gleichheitsbeziehung auf $\Pi(s)$ ist wie gewünscht, d. h. wie in (B).

Genauso wäre zu verfahren, um zu jedem $x \in s$ die Teilmenge $\{x\}$ zu „definieren". Für Bildungen wie $\{x, y\}$ oder $A \cap B$ scheint man eine Art *Funktion von zwei Variablen* zu brauchen. Zum Glück genügt aber der gewöhnliche Abbildungsbegriff, und zwar ohne daß Paare zur Verfügung stehen [17]:

Setze, um etwa $A \cap B$ für $A, B \in \Pi(s)$ zu erhalten, eine Abbildung $\cap$ voraus, die jedem A eine Abbildung $A \cap$ zuordnet, die jedem B eine Teilmenge $A \cap B$ mit ... zuordnet. Natürlich soll auch s „variabel" sein. Deshalb brauchen wir hier eigentlich eine Funktion $\cap$ von drei Variablen[14]: Sie ordnet jedem s eine Funktion $\cap_s$ wie eben zu.

Weshalb rede ich hier nur von Teilmengen einer Menge statt von beliebigen Mengen wie Fraenkel, und wie es auch sonst üblich ist? Ich verfahre auch in einer Anfängervorlesung so, aus drei Gründen:

Weil nur Schnitte und Vereinigungen von Teilmengen mathematisch bedeutsam sind, weil der leere Schnitt so keinen Sonderfall mehr darstellt, und weil ich immer die Gleichheitsfrage im Hinterkopf habe. Wenn nämlich nur die Gleichheitsbeziehungen $=_A$ und $=_B$ zur Verfügung stehen, von denen nichts weiter bekannt ist, als daß es sich jeweils um eine Äquivalenzrelation handelt, was soll dann die Gleichheitsbeziehung von $A \cap B$ oder $A \cup B$ sein?

Schon Zermelo [20] verzichtet auf einen eigenständigen Abbildungsbegriff und versteht unter einer Abbildung eine Relation α mit der Eigenschaft, daß zu jedem x (aus dem Definitionsbereich) genau ein y existiert mit $x \alpha y$[15]. „Dieses" y kann aber nur dann einfach mit $\alpha(x)$ „bezeichnet" werden [analog $\Pi(s)$], wenn auf dem Wertebereich Y die Identität als Gleichheitsbeziehung vorliegt.

---

[14]Analog für $\{a, b\}$, und für $\{a\}$ eine von zwei.

[15]Tatsächlich scheint er nur injektive Abbildungen zu betrachten (wie auch Cantor?).

Wir sehen: Wer sich nicht mehr auf die Krücke *Identität* stützen will, kann sich ohne den ursprünglichen Abbildungsbegriff nicht mehr in der gewünschten Allgemeinheit ausdrücken. Und darin sehe ich die tiefere Wahrheit dessen, was Dedekind im Vorwort zu seiner Zahlenschrift [7] ausführt über *die Fähigkeit des Geistes, Dinge auf Dinge zu beziehen, einem Dinge ein Ding entsprechen zu lassen, oder ein Ding durch ein Ding abzubilden, ohne welche Fähigkeit überhaupt kein Denken möglich ist.*

Damit wäre auch die Frage beantwortet, was die Abbildungen überhaupt „sollen", über ihre Bedeutung als Forschungsobjekte hinaus. Die analoge Frage „was sollen die Mengen?" beantwortet sich analog: Sie stellen nicht nur ein interessantes und wichtiges Gebiet mathematischer Forschung dar – dafür steht Cantor mit seiner Theorie der Kardinal- und Ordinalzahlen, der Mengenlehre im engeren Sinne –, sondern drängen sich dem in immer größere Allgemeinheiten fortschreitenden mathematischen Forschergeist geradezu auf, als das diesem Fortschritt den Weg bahnende sprachliche Ausdrucksmittel. Und für diesen zweiten Aspekt steht Dedekind:

In seiner „Zahlenschrift" [7] wird zum ersten Mal eine mathematische Situation rein mengen„theoretisch" – mit explizitem Bezug auf die extra hierfür eingeführten Begriffe *System* (= Menge) und *Abbildung* – vorgestellt und behandelt (darin liegt ihre eigentliche historische Bedeutung):

So wie später etwa unter einer Gruppe eine Menge G zusammen mit einer Abbildung $\alpha : G \times G \to G$ einer gewissen Art verstanden wurde, betrachete Dedekind eine Menge N zusammen mit einer Abbildung $\varphi : N \to N$ einer gewissen Art (und nannte die Elemente von N dann *natürliche Zahlen*).

Als erste folgten ihm H. Weber (*Lehrbuch der Algebra*, Vieweg, Braunschweig 1896) und E. Steinitz (*Algebraische Theorie der Körper*, J. f. Math. (Crelles Journal) 137, 167 – 309 (1910)), die beide den Körperbegriff in seiner natürlichen Allgemeinheit verwendeten.

3.6. Ein rein mathematischer Gleichheitsbegriff gemäß 2b ist nicht nur mit Problemen verbunden, sondern auch mit Wohltaten. Vor allem mit solchen, die der mathematische Jargon schon vorweggenommen hat: *Modulo ... ist ... .*

Kern der Sache ist die Möglichkeit, anstelle einer Partition $\mathcal{P}$ einer Menge M, mit dazugehöriger Äquivalenzrelation ρ, die neue Menge M/ρ zu betrachten; sie hat denselben Grundbereich wie M ($x \in M/\rho \Leftrightarrow x \in M$), aber ρ anstelle $=$ als Gleichheitsbeziehung. Ein solches M/ρ nenne ich eine *Faktormenge* von M.

Während die mit ρ verträglichen Abbildungen $\alpha : M \to N$ üblicherweise mit den Abbildungen $\beta : \mathcal{P} \to N$ „identifiziert" werden, sind sie nun genau die Abbildungen von M/ρ in N.

Eine mit ρ verträgliche Multiplikation auf M ist auch eine Multiplikation auf M/ρ; und mit M ist auch M/ρ eine Gruppe, eine *Faktorgruppe* von M im neuen Sinne des Wortes. Und die Homorphismen $M/\rho \to N$ (N eine weitere Gruppe) sind einfach die mit ρ verträglichen Homomorphismen $\alpha : M \to N$.

Unter dem *Kern* von $\alpha \in \mathrm{Hom}(M, N)$ werde die zu α gehörige Äquivalenzrelation von M verstanden. Der *Homorphiesatz* lautet dann so:

Ein Homomorphismus $\alpha : M \to N$ ist ein Isomorphismus
von $M/\mathrm{Kern}(\alpha)$ auf das Bild $G\alpha$.

Außerdem ist die Faktorgruppe $M/\rho/\tau$ der Faktorgruppe M/ρ schlicht und einfach die Faktorgruppe M/τ von M. Dabei wie im Homomorphiesatz könnte *Gruppe* auch einfach *Menge mit Multiplikation* bedeuten (ich sage *Monoid*).

4. Was ist eine Menge?

4.1. Erstes Ziel ist ein mathematisch adäquates Verständnis dessen, was man anschaulich unter einer *Gesamtheit* von irgendwelchen Dingen versteht.

Denken wir uns alles vergessen, was mit dem Mengenbegriff der r. e. Mathematik verbunden ist, außer der Möglichkeit, von den *Elementen* einer Menge zu reden[16]. Was dann übrig bleibt, nenne ich einen *Bereich*, wie schon in § 3 (Fußnote 10) angedeutet.

Was neben einer Gleichheitsbeziehung noch alles zu dem Begriff einer *Menge* gehören soll, in der in Aussicht gestellten Synthese, sei zunächst dahingestellt. Ich nenne einen *Bereich zusammen mit einer Äquivalenzrelation* (etwa =) eine *Klasse*, was mit dem üblichen Gebrauch dieses Wortes durchaus kompatibel ist.

Das Wort *zusammen* wird später im Zusammenhang mit der Klärung des Paarbegriffes eliminiert. Was aber ist eine *Relation* auf einem Bereich A? Ich sehe nur eine Antwort, und diese erfordert den Begriff einer *Abbildung auf A*[17]:

Eine Abbildung ρ, die jedem $x \in A$ einen *Teilbereich* $x\rho$ zuordnet.

Die Notation $x\rho y$ für $y \in x\rho$ klärt die Sache.

Der Begriff einer *Teilklasse* wird gemäß (a)(b)(c) in 3.3 definiert, und Abbildungen zwischen (wie Relationen auf) Klassen sind per definitionem mit den jeweiligen Gleichheitsbeziehungen verträglich. Eine Klassenabbildung $\alpha : A \to B$ ist also quasi ein Klassen*homomorphismus*: $x = y \Rightarrow x\alpha = y\alpha$.

Mit Bereichen läßt sich wenig anfangen, sie dienen nur als Basis für Klassen und damit (später) für Mengen. Weder läßt sich von injektiven oder surjektiven Abbildungen reden, noch von Teilbereichen $\{a, b\}$ oder wenigstens $\{a\}$[18] für $a, b \in A$, wohl aber von *Inklusion $A \subseteq B$* und *Gleichheit $A = B$*.

---

[16]Das ist offenbar der „innerste Kern" des Mengenbegriffes (jedweder Couleur): Alles Reden über Mengen involviert den „Begriff" eines *Elementes*.
[17]Natürlich im Sinne Dedekinds [7]:
Eine Abbildung α auf A produziert zu jedem Element $x \in A$ ein „Objekt" $x\alpha$.
[18]Daß ein Bereich „nur" aus dem Element a besteht, läßt sich nicht formulieren.

Achtung: Diese Worte und Zeichen haben hier nur notationelle Bedeutung; damit = als Äquivalenzrelation auf dem (vorauszusetzenden) Bereich $\mathcal{B}$ aller Bereiche verstanden werden kann, muß eine solche explizit vorausgesetzt werden, und das erzeugt dann die *Klasse* $\mathcal{B}$.

Analog läßt sich die Klasse $\mathcal{K}$ *aller Klassen* in die Welt setzen.

4.2. Was ist ein Element eines Bereiches?

Natürlich ein *Objekt* (oder *Ding*), falls dieser Begriff zur Verfügung steht. Die Frage verzweigt sich also so:

(a) Wie sieht die Welt ohne Objekte aus?

(b) Was ist ein Objekt, wenn ES welche GIBT?[19]

Das hängt aufs engste mit dem Begriff einer Abbildung α zusammen. Der Grundgedanke ist doch, daß α jedem Objekt x einer gewissen *Art*, mit einer gewissen *Eigenschaft*, ein Objekt $x\alpha$ wiederum einer gewissen Art zuordnet. Das wird in Cantors Paradies dadurch verdeckt, daß man ja einfach die jeweils interessierenden Objekte zu einer Menge (oder Klasse) zusammenfassen kann. Deshalb ist gewöhnlich von einer *Abbildung von A in B* die Rede, und dafür genügt es, von *Elementen von A* und B reden zu können, ein Objektbegriff ist a priori nicht erforderlich.

Bei Dedekind [7] ist α nur monogam verheiratet, mit A:

Unter einer Abbildung eines Systems S wird ein Gesetz verstanden, nach welchem zu jedem bestimmten Element s von S ein bestimmtes Ding gehört, welches das Bild von s heißt und mit $\varphi(s)$ bezeichnet wird[20].

Warum nicht auch noch den so oder so verstandenen *Definitionsbereich von* α über Bord werfen und so zu einem Maximum an Symmetrie und Einfachheit gelangen? Das Grundwissen über α wäre also:

(∗) Wenn x ein Objekt ist, dann ist auch $x\alpha$ ein Objekt.

Dafür und für alles darauf aufbauende ist es gleichgültig, ob *Objekt* als Grundbegriff vorausgesetzt wird[21] oder ein Bereich $\mathcal{D}$, dessen Elemente *Objekte* genannt werden; jeweils mit der Maßgabe, daß alle Abbildungen und Bereiche (auch Klassen) mitsamt ihren Elementen Objekte sind[22].

---

[19]Wenn ich diesen Begriff vorgebe.

[20]Später betont Dedekind, daß die Bezeichnung $s\varphi$ viel natürlicher sei, und er folgt dieser Einsicht auch schon 1894 [Ges. W. III, 24ff].

[21]Auch dann soll $x \in \mathcal{D}$ für x *ist ein Objekt* stehen.

[22]Den kundigen Leser erinnert (∗) vielleicht an v. Neumanns *Axiomatisierung der Mengenlehre* [J. f. Math. 125(1925), 219 – 240]:

Wir betrachten zwei Bereiche von Dingen, den der „Argumente" und den der „Funktionen". Nun ist in diesen Bereichen eine 2-Variablen-Operation $[x, y]$ definiert (lies „Wert der Funktion x für das Argument y"), deren erste Variable x stets „Funktion" und deren zweite Variable y stets „Argument" zu sein hat. Durch sie wird immer ein „Argument" $[x, y]$ gebildet.

Ist (∗) mit der r. e. Mathematik kompatibel? Betrachte in dieser eine Abbildung α auf einer Menge A. Ein Objekt x liegt dann in A oder es liegt nicht in A[23]. Setze nun α so fort, daß jedem x der zweiten Art irgendein Objekt zugeordnet wird, etwa die leere Menge. Es ist dann egal, ob man mit α oder dieser Fortsetzung arbeitet.

Ein Abbildungsbegriff gemäß (∗) ist also zumindest zulässig, und die in 3.1 genannten Prinzipien machen ihn geradezu mandatorisch.

So brauchen wir uns nicht mehr um Definitionsbereiche zu kümmern. Daher läßt sich beispielsweise auch ohne $\mathcal{B}$ von einer Funktion (d. h. Abbildung) reden, die jedem Bereich den Bereich seiner Teilbereiche zuordnet[24].

Des weiteren werden Einschränkungen auf Teilbereiche begrifflich hinfällig: Schreibe $\alpha : A \to B$ wenn $x\alpha \in B$ für alle $x \in A$. Schon Dedekinds Definition impliziert $\alpha : A \to B'$ für jeden Bereich $B' \supseteq B$, und jetzt folgt auch die duale Regel $\alpha : A' \to B$ für jedes $A' \subseteq A$ (ganz im Sinne der „inneren Harmonie unserer Logik").

In Worten: Eine Abbildung von A in B ist auch ein Abbildung von jedem Teilbereich von A in jeden Oberbereich von B.

Das entsprechende gilt auch für Klassen, wie die folgende Anwendung:

Ist $A' \subseteq A$ bezüglich einer Relation ρ von A abgeschlossen, d. h. $x\rho \subseteq A'$ für alle $x \in A'$, so ist ρ auch eine Relation von A'.

Insbesondere ist jeder bezüglich = abgeschlossene Teilbereich einer Klasse Grundbereich einer Teilklasse.

Für Bereiche kann man mangels = (auf B) überhaupt nicht formulieren, daß $\alpha' : A' \to B$ Einschränkung von $\alpha : A \to B$ ist. Um bei Klassenabbildungen ohne (∗) von der Einschränkung $\alpha' = \alpha_{|A'}$ reden zu können, muß eine Funktion von vier Variablen vorausgesetzt werden[25], die A, B, A', α ein α' zuordnet.

Und *Auswahlfunktion* müßte als zusätzlicher Grundbegriff eingeführt werden, neben dem einer gewöhnlichen Abbildung $\alpha : A \to B$:

Eine Auswahlfunktion α zu $\sigma : A \to \mathcal{K}$ (A eine Klasse) ordnet jedem $x \in A$ ein Element $x\alpha$ von $x\sigma$ zu (und ist wie σ mit = verträglich).

Weit über die beschriebenen Unbequemlichkeiten hinausgehende Probleme hängen mit der Definition des Klassenbegriffes zusammen [4.4].

Die Diskussion um (∗) beantwortet auch (a), letztlich die sich im Anschluß an früheres [3.5] stellende Frage *Was sollen die Objekte?*:

Die Objekte sind das Schmiermittel für das reibungslose Zusammenwirken von Bereichen und Abbildungen.

---

[23]Das wird in der Literatur nicht selten ausdrücklich von einer Menge verlangt.

[24]Was sollte man in 3.5 denn unter dem Definitionsbereich von Π verstehen? Und was unter dem Wertebereich von ∩?

[25]Vorher sind die passenden Definitionsbereiche bereitzustellen.

4.3. Was ist ein Paar? Dieser Frage nähern wir uns genau so, wie Dedekind sich einst der Frage *Was sind die Zahlen?* zuwandte. Seiner Analyse der anschaulichen Zahlenreihe entspricht eine Analyse des vertrauten Produktes $P = A \times B$ von Mengen A, B, die das mathematisch wesentliche auf den Tisch legen soll. Das Ergebnis (mit $A_1 = A$ und $A_2 = B$, sowie $p_i = p\pi_i$ für $p \in P$):

Zu der Menge P gehören Abbildungen $\pi_i : P \to A_i$, sowie eine *Funkion f von zwei Variablen*, $x \in A$ und $y \in B$, mit Werten in P, derart daß

(a) $p = q \iff p_i = q_i \ (i = 1, 2)$, und

(b) $f(x, y)_1 = x$ sowie $f(x, y))_2 = y$

Erläuterung: f ist im Sinne des Schönfinkelkniffs zu verstehen [3.5], also etwa als Abbildung von A in die Menge $\mathcal{F}(B, P)$ der Abbildungen von B in P: Schreibe $f(x, y)$ statt yxf. Nenne f *2-variabel* auch *2-Funktion*.

Die zu (b) duale Regel $f(p_1, p_2) = p$ folgt aus (a) und (b).

Die auf die Analyse folgende Synthese führt in offensichtlicher Weise zu dem Produkt $P = A \times B$ von Klassen A, B: Setze eine Klasse P voraus plus Abbildungen π_i und f wie oben, schreibe (x, y) statt $f(x, y)$.

Oft werden Paare (a, b) betrachtet, bei denen b irgendwie von a abhängt. Um ihnen gerecht zu werden, wird analog obigem zu $A \in \mathcal{K}$ und $\beta : A \to \mathcal{K}$ die Klasse $A \times \beta$ aller Paare (a, b) mit $a \in A$ und $b \in a\beta$ eingeführt.

Beispiel: Ein topologischer Raum ist ein Element von $\mathcal{M} \times \mathcal{P}^2$ mit ... .

4.4. Jetzt ist klar, wie „zusammen" in der vorläufigen Definition des Klassenbegriffs zu eliminieren ist. Für den Erfolg entscheidend ist dabei, daß für Bereiche A, B die Aussage $A = B \ (\iff x \in A \Leftrightarrow x \in B)$ mit den Eigenschaften *reflexiv, symmetrisch, transitiv* zur Verfügung steht, daher auch für Relationen ρ, τ auf A: $\rho = \tau \iff x\rho = x\tau$ für alle $x \in A$.

Dedekinds Vorbild folgend (und Bolzanos in Fußnote 27 wiedergegebenem Prinzip) geben wir also den Begriff einer Klasse „als Individuo" vorübergehend auf und führen stattdessen gleich die ganze „Gattung" ein. Setze voraus:

(a) einen Bereich $\mathcal{K}$, dessen Elemente *Klassen* genannt werden,

(b) eine Abbildung, die jeder Klasse K einen Bereich $K_\mathcal{B}$ zuordnet, den *Grundbereich* von K,

(c) eine Abbildung, die jeder Klasse K eine Äquivalenzrelation $=_K$ auf $K_\mathcal{B}$ zuordnet, die *Gleichheitsbeziehung* von K,

(d) eine 2-Funktion, die jedem Bereich A und jeder Äquivalenzrelation ρ von A eine Klasse A/ρ mit $(A/\rho)_\mathcal{B} = A$ und $=_{A/\rho} = \rho$ zuordnet.

Wie früher kann nun $K = L \ (\iff K_\mathcal{B} = L_\mathcal{B}$ und $=_K = =_L)$ definiert werden, und eine explizit vorauszusetzende entsprechende Äquivalenzrelation ρ würde $\mathcal{K}$ zu einer Klasse machen.

4.5. Die Diskussion des Klassenbegriffes möchte ich mit Cantors Definition des ursprünglichen Mengenbegriffes abschließen [5]:

Unter einer „Menge" verstehen wir jede Zusammenfassung M von bestimmten wohlunterschiedenen Objekten m unserer Anschauung oder unseres Denkens (welche die „Elemente" von M genannt werden) zu einem Ganzen.

Das lese ich so: Damit von einer Menge[26] M geredet werden kann, müssen über zwei Definitionen die Elemente von M zuerst *bestimmt*, dann *unterschieden* worden sein. Konkret ist also die Aussage $x \in M$ zu definieren, dann die Aussage $x = y$, und schließlich ist für $=$ noch *reflexiv, symmetrisch, transitiv* nachzuweisen (um „wohl" zu respektieren).

Nichts trifft die mathematische Realität genauer. Das „Unterscheiden" der Elemente geht allerdings im Alltag schnell vergessen, weil nach einigen Grunddefinitionen nur noch Teilmengen „gebildet" werden und diese ihre Gleichheitsbeziehung von der jeweiligen Obermenge erben.

4.6. Wie ist auf der Grundlage des Klassenbegriffs der einer *Menge* einzuführen? Soll eine Menge eine Klasse mit gewissen Eigenschaften sein? Weitere „Axiome" wären dann Voraussetzungen über $\mathcal{K}$ und als solche durchaus kein Eingriff in die mathematische Natur (*Klasse* ist nach 4.4 kein absoluter Begriff mehr). Natürlicher ist es aber doch, eine Klasse $\mathcal{M}$ von Klassen vorauszusetzen (eine Teilklasse von $\mathcal{K}$) – deren Elemente *Mengen* genannt werden – mit den gewünschten Eigenschaften. Das entspricht durchaus dem Begriff eines Modells der axiomatischen Mengenlehre.

Was ist ein solches Modell? Ein *Bereich*, ein *System*, eine *Gesamtheit* von *Dingen*, die *Mengen* genannt werden? Werden solche Modelle gelegentlich zwecks Konstruktion weiterer Modelle naiv-mengentheoretischen Prozessen unterworfen, deren Fundierung durch geeignete „Axiome" doch eigentlich das Anliegen der axiomatischen Mengenlehre ist (jedenfalls Zermelos)?

Wittenberg (S. 54): *In den Arbeiten zur axiomatischen Mengenlehre äußert sich dies darin, dass dort «meta»-Betrachtungen angestellt werden, Überlegungen über die aufgestellten Axiomatiken, die inhaltlich unter Verwendung einer Terminologie geführt werden, die das Unbehagen des Verfassers deutlich durchschimmern läßt. Da ist dann etwa von «Gesamtheiten» die Rede, oder von «Systemen», als ob sich der mit Notwendigkeit an den inhaltlichen Mengenbegriff knüpfende Aufbau der Cantorschen Mengenlehre, mit seinen Problemen, einfach dadurch bannen ließe, dass man die Verwendung des Wortes «Menge» meidet. In Wirklichkeit ändert dies aber an der Sache überhaupt nichts. Menge bleibt Menge, auch wenn man sie «Gesamtheit» nennt.*

---

[26]Lieber würde ich *Klasse* sagen.

4.7. Mit irgendwas muß man halt anfangen, mit irgendwelchen undefinierten Grundbegriffen. Zu dieser An- und Einsicht äußert sich Wittenberg so:

S. 179: *Einen Begriff reduzieren, heisst, ihn definitorisch aus anderen Begriffen erklären, also für ihn eine Definition konstruieren. Es ist wohl ohne weiteres klar, daß auf eine solche Weise keine generelle Lösung unseres Problems geleistet werden kann. Das Sinnproblem kann nicht durch logische Reduktionen aus der Welt geschafft werden. Nirgends liegt der Regress so klar zutage wie hier: Zur Definition eines Begriffes brauchen wir andere (einfachere), zu deren Definition wiederum noch primitivere usw., und wenn dieses ganze System von Definitionen nicht zirkulär sein darf – was wir selbstverständlich fordern werden –, so finden wir uns in einem unendlichen Regress, der nur dann zu vermeiden ist, wenn wir ihn irgendwo abbrechen, indem wir gewisse Begriffe als ultime Begriffe deklarieren – Begriffe, die undefiniert bleiben, und für die wir uns auf den Standpunkt stellen müssten, sie gehörten zum unerschütterlichen und unerklärbaren Rüstzeug unseres Verstandes. Wir müssten also annehmen, dass wir eine gewisse Anzahl von Begriffen gewissermassen als unsere persönliche Mitgift besitzen und alle übrigen aus diesen definitorisch in mehr oder weniger komplizierter Weise aufgebaut haben. Jene Begriffe stellten die letzte, unerschütterliche und undiskutierbare Grundlage unseres Denkens dar.*

– – – Es kommt hinzu, dass hier noch ein zusätzliches Problem dadurch entstehen würde, dass man eine Auslese treffen müsste, w e l c h e s denn nun eigentlich jene ultimen Begriffe seien. Dabei zeigt bereits das Beispiel der Mathematik, dass man sich auf erhebliche Schwierigkeiten gefasst zu machen hätte, weil einerseits verschiedenartige Möglichkeiten für die Annahme letzter Begriffe bestehen und andererseits gewisse Begriffe, die zu ultimen Begriffen prädestiniert scheinen (wie der mathematische Begriff der Menge oder jener der Eigenschaft), zu Schwierigkeiten und Antinomien führen. Nach welchen Kriterien sollte man hier entscheiden?

Es kann auch gar keine Rede davon sein, dass abzusehen wäre, wie eine solche generelle Reduktion durchzuführen wäre – auch angenommen, dass man einen Bestand an «Urbegriffen» ausgezeichnet hätte. Die vorstehende Konzeption bleibt auch insofern vollkommen hypthetisch und belanglos, als in keiner Weise ersichtlich ist, wie denn eine Zurückführung unseres ganzen begrifflichen Materials auf einige Grundbegriffe tatsächlich durchgeführt werden könnte. (Ganz zu schweigen von der Notwendigkeit, bei einem solchen Standpunkt auch den Begriff der «Definition» einer Kritik zu unterwerfen.)

4.8. Ich setze dagegen: *Bereich* und *Abbildung* sind die kanonischen Urbegriffe der Mathematik, auf einer noch zu besprechenden logischen Grundlage.

Sie entstehen aus der realen mathematischen Begriffswelt durch maximales Vergessen, maximal weil auch der kleinste weitere Vergessensakt ins Nichts führt, aber auch bezüglich der Forderung, daß aus dem Nichtvergessenen immer noch diese Begriffswelt definitorisch rekonstriert werden kann. Kurz:

Mathematik ist die Theorie der Bereiche und Abbldungen.

Das Vergessene schließt jede inhaltliche Vorstellung ein. Jene Urbegriffe sind also rein sprachlicher Natur. Sie bleiben nicht undefiniert. Nicht was ein Bereich, ein Element, eine Abbildung i s t, ist mathematisch relevant, sondern nur, wie mit Aussagen wie *A ist ein Bereich, x ist ein Element von A, α ist eine Abbildung* umzugehen ist[27]. Dementsprechende Voraussetzungen stellen durchaus eine Definition dar, und zwar in folgendem Sinne:

(**) *Eine Definition ist eine zwischenmenschliche Vereinbarung (letzlich eine Voraussetzung) über den logischen – genauer implikatorischen – Umgang mit einem (oder mehreren) Zeichen, einem Wort oder ähnlichem.*

Ein kleiner Test (bevor der Leser die Nase rümpft):

Im Lichte von (**) werfe man einen (Rück)Blick auf das, was man gemeinhin „Definieren" von Mengen und Abbildungen nennt.

Erinnerung: *Eine Definition rechtfertigt sich wie ein Licht, das in einem dunklen Raum aufgeht, durch die Ordnung, die sie sichtbar macht.*

In der im Raume stehenden *Synthese* kommt es nur noch auf das Definieren von Aussagen an, und nach den ersten Schöpfungstagen werden Definitionen nur noch notationelle Bedeutung haben, d. h. auf sprachliche Abkürzungen hinauslaufen.

4.9. Was ich unter einer Menge (im engeren Sinne, im Sinne jener Synthese) verstehe, kann ich noch nicht ganz, aber doch schon weitgehend formulieren:

Setze eine Teilklasse $\mathcal{M}$ von $\mathcal{K}$ voraus (ihre Elemente heißen *Mengen*). In den „Axiomen" (a) – (g) sind A und B immer Mengen, und K ist eine Klasse.

(a) Die Aussage $x = y$ ist definit für $x, y \in A$.
(b) Teilklassen und Faktorklassen von A sind Mengen (Teil/Faktormengen).
(c) Die Klasse $\mathcal{P}(A)$ aller Teilmengen von A ist eine Menge.
(d) $\mathcal{F}(A, B)$ und $\mathcal{F}(A, \sigma)$ sind Mengen für $\sigma : A \to \mathcal{M}$.
(e) $A \times B$ und $A \times \sigma$ ebenso.
(f) $\alpha : A \to K$ surjektiv impliziert $K \in \mathcal{M}$.
(g) $\alpha : K \to A$ injektiv impliziert $K \in \mathcal{M}$.

---

[27]Bolzano: *Ich denke also, daß man die Mathematik am besten als eine Wissenschaft erklären könnte, die von den allgemeinen Gesetzen (Formen) handelt, nach welchen sich die Dinge in ihrem Dasein richten müssen.*
..., so zeiget dies an, daß unsre Wissenschaft sich nicht mit dem Beweise des Daseins dieser Dinge, sondern nur ganz allein mit den Bedingungen ihrer Möglichkeit beschäftige. Und indem ich diese Gesetze allgemeine nenne, so gebe ich zu verstehen, daß sich die Mathematik niemals mit einem einzelnen Dinge als Individuo, sondern allezeit mit ganzen Gattungen befasse.

Erläuterung (jetzt mit Klassen A, B und $\sigma : A \to \mathcal{K}$):

Zu (a): *definit* wird gleich in 5.3 erklärt.

Zu (b): Faktorklassen wurden de facto schon in 3.6 eingeführt

Zu (c): Die Funktion $\mathcal{P}$ ordnet jeder Klasse die Klasse aller Teilklassen zu.

Zu (d): Die Klasse $\mathcal{F}(A, B)$ aller Abbildungen von A in B wird über eine 2-Funktion (etwa $\mathcal{F}$) eingeführt. Die Gleichheitsbeziehung ist natürlich

$$\alpha = \beta \iff x\alpha = x\beta \text{ für alle } x \in A.$$

Dasselbe gilt für das *kartesische Produkt* $\mathcal{F}(A, \sigma)$ der Klassen $x\sigma$ $(x \in A)$, bestehend aus den zu A und σ gehörigen *Auswahlfunktionen* [4.2].

Zu (f): *Surjektiv* setzt eigentlich *Existenz* voraus. Wenn aber *Objekt* und *Element* nur Worte sind (ohne Inhalt), welchen Sinn hat es dann, von der Existenz solcher „Dinge" zu reden? Genauso viel wie a priori von ihrer Gleichheit, nämlich überhaupt keinen. Man könnte *surjektiv* hier so verstehen:

Für jedes $u \in K$ ist die Aussage $x\alpha \neq u$ *für alle* $x \in A$ falsch.

Inwieweit entspräche das der allgemeinen Existenzdefinition in 5.4(b)?

Was „Teilklasse von $\mathcal{K}$" konkret bedeutet, hängt nicht von der Klasse $\mathcal{K}$ ab. Letzten Endes müssen wir auf sie verzichten, auch auf die Bereiche $\mathcal{B}$ und $\mathcal{D}$.

5. Existenz – Negation – Eigenschaften.

5.1. Es ist interessant, mit welchen Metaphern *Existenz* (Dasein, DA sein) in verschiedenen Sprachen umschrieben wird: Im Deutschen heißt es *ES gibt*, im Englischen *THERE is*, und das lateinische *existere* bedeutet *entstehen, hervortreten*. Wörtlich genommen, beschreiben sie exakt, wie Existenz in der Mathematik funktioniert: Wenn ES etwa eine Funktion f mit gewissen Eigenschaften gibt (oder uns freundlicherweise schon gegeben hat), oder wenn DA ein solches f ist, sozusagen auf dem Tisch liegt, für uns *entstanden, hervorgetreten* ist, dann bedienen wir uns dieses f nach Herzenslust und erachten selbstverständlich alles mit seiner Hilfe bewiesene als wahr.

Im Laufe der Zeit haben sich diese Metaphern als Existenzbegriff in unser Denken eingefressen. Sprachliche Gewohnheiten kreieren Begriffe.

Nietzsche: *Ein Begriff ist eine gefrorene Metapher*.

5.2. Unsere Aufgabe ist zum Glück aber keine sprachphilosophische.

Sie lautet *Analyse-Synthese*. Sehen wir uns also an, wie Existenz in der r. e. Mathematik *rein logisch gesehen* funktioniert. Die Aussage

(a) *Es gibt ein Objekt x mit der Eigenschaft E*

impliziert jede Aussage S, welche aus der Aussage

(b) *x ist ein Objekt mit der Eigenschaft E*

folgt: (c) (b) $\Rightarrow S \implies S$.

Ein Beispiel für S ist (b) selbst, und jedenfalls folgt (a) aus (b).

Erhalte (a) $\Rightarrow$ (c) $\Rightarrow$ (b) $\Rightarrow$ (a).

Die Äquivalenz (a) $\Leftrightarrow$ (c) scheint sich als Definition für die Existenzaussage (a) nahezulegen, aber die grausliche Konsequenz (a) $\Rightarrow$ (b)[28] läßt Zweifel aufkommen. Kann man ihr entrinnen, etwa indem „Aussagen" vom Typ (b) der Status einer (mathematischen) Aussage verweigert wird? Für mich eine hanebüchene Vorstellung. Denn was durch *impliziert, und, oder* ($\Rightarrow, \wedge, \vee$) zu einer Aussage verknüpft werden kann, muß selber eine Aussage sein.

Für $S \Rightarrow T$ und $S \wedge T$ braucht T dabei nur als Folge der Aussage S eine Aussage zu sein, wie ein Blick auf die Realität zeigt:

Wenn G eine Gruppe ist, und U eine Untergruppe von G, und N ein Normalteiler von G, dann ist $U \cap N$ ein Normalteiler von U.

Hier ist G *Gruppe* + U *Untergruppe* (von G) + N *Normalteiler* (von G) eine Aussage, und ihr zufolge auch $U \cap N$ *Normalteiler von U.*

Wir halten fest, im Vorgriff auf die kommende ausführlichere Diskussion der Frage *Was ist eine Aussage?*:

(d) Ist S eine Aussage und infolge S auch T, so sind auch $S \Rightarrow T$ und $S \wedge T$ Aussagen (natürlich mitsamt allen Synonymen).

Bei $S \vee T$ muß neben S auch T von vornherein eine Aussage sein.

Aussagen wie (b) – etwa *G ist eine Gruppe* oder *p ist eine Primzahl* – sind uns nur als Quellaussagen geläufig, d.h. als Voraussetzung, als Beschreibung einer zu betrachtenden Situation (es sei denn, G wurde etwa als Halbgruppe vorgegeben oder p als natürliche Zahl). Unser Gefühl sträubt sich gegen das Attribut *falsch* im Zusammenhang mit solchen Aussagen, aber nur aus Gewohnheit, weil wir gewöhnlich eben (a) statt (b) negieren. Tatsächlich wird aber die Negation von (b) beweisen, durch Herleitung eines Widerspruchs aus (b):

(e) (a) ist falsch $\iff$ (b) impliziert eine falsche Aussage.

Wie steht es mit dem „tertium non datur"? G ist entweder eine Gruppe oder nicht, p ist entweder eine Primzahl oder nicht; sowas, mit nichts davor, ist schon als Aussage schwer zu schlucken, geschweige denn als wahre Aussage.

Wie man sich auch zu den angesprochenen Fragen stellt – man mag von logischen Spitzfindigkeiten reden – es bleibt ein Unbehagen über die mangelnde innere Harmonie unserer Logik. Wie stelle ich mich dazu, in diesem Augenblick? Nun, in (d) habe ich wohlweislich nur von *und, oder, impliziert* gesprochen, nicht von *nicht*.

---

[28]Lustigerweise ist das ganz in Ordnung, wenn *es gibt* wieder aufgetaut wird: ES ist der Geber.

5.3. Kommt ein Begriff ins Gerede, ist er ein Kandidat für das früher (in 2.3) beschriebene Verfahren, unter dem Aspekt *Analyse-Synthese* auf den Prüfstand gestellt und schließlich über eine geeignete Charakterisierung eliminiert zu werden, und nichts ist leichter als für die Negation S^f (S ist falsch) einer Aussage S eine einfache Charakterisierung anzugeben:

(a) $S^f \iff S \Rightarrow F$,

wobei F irgendeine falsche Aussage ist. Um (a) zu einer Definition zu erheben[29], muß ein geeignet erscheinendes F ausgewählt werden. Dafür bietet sich die Aussage an, daß alle Aussagen äquivalent sind: S, T *Aussagen* $\implies S \Rightarrow T$.

Erstaunlicherweise sind die ableitbaren logischen Regeln aber fast ganz unabhängig von F. Nach der Festlegung ist F sozusagen das *Urfalsche*, dem *Urmeter* in Paris vergleichbar. Ein weiterer, mir eigentlich sympathischerer Kandidat für F ist die Aussage, daß alle Bereiche gleich sind. Da die relevanten Aussagen grundsätzlich bereichstheoretischer Natur sind[30], macht es praktisch keinen Unterschied.

Weitere Definitionen [(b) und (c)] und Regeln:

(b) S ist *definit* $\iff S \vee S^f$,

(c) S ist *stabil* $\iff S^{ff} \Rightarrow S$.

(d) (1) S ist nicht instabil: $(S^{ff} \Rightarrow S)^{ff}$.

    (2) S ist nicht indefinit: $(S \vee S^f)^{ff}$.

    (3) S *stabil* stabil $\implies S$ stabil.

    (4) S *definit* stabil $\implies S$ definit.

(e) Das Assoziativgesetz für Stabilität:
$$(S \Rightarrow T) \text{ stabil} \iff S \Rightarrow (T \text{ stabil}).$$

(f) Die Lügnerregel: $(S \Leftrightarrow S^f)^f$.

Trivial und fundamental: Was etwas falsches impliziert, ist selber falsch.

Ich habe hier ein paar Regeln mit einem gewissen Unterhaltungswert ausgewählt. Für das gleich weitergeführte Thema *Existenz* ist zunächst nur

(g) $S^{fff} \Leftrightarrow S^f$

von Interesse, d. h. jede Negation ist stabil ($S \Rightarrow S^{ff}$ gilt immer).

Daß die stabilen Aussagen die quasi anständigen sind, geht schon daraus hervor, daß nur sie sich einem Widerspruchsbeweis herkömmlicher Art beugen: Wenn die Negation S^f eines behaupteten Satzes S zu einem „Widerspruch" führt, zu einer falschen Aussage, so folgt zunächst nur S^{ff}.

---

[29]Hilbert: Eine Aussage heißt falsch, wenn sie auf einen Widerspruch führt [13].
[30]Mathematik ist die Theorie der Bereiche und Abbildungen [4.8].

5.4. Jetzt kann jede Aussage ohne das geringste Unbehagen negiert, das begriffskritische Thema *Existenz* daher leicht seinem kanonischen Abschluß zugeführt werden. Die Nichtexistenz wird durch 2(e) charakterisiert:

(a) $2(a)^f \Leftrightarrow 2(b)^f$.

Aufgrund 3(g) ist $2(a)^f$ auch die Negation der Aussage $2(b)^{ff}$, und damit bietet sich $2(b)^{ff}$ als Definition für die Existenzaussage 2(a) an:

(b) $2(a) \Leftrightarrow 2(b)^{ff}$.

Das Hauptbeispiel $x \in A$ (A ein Bereich) für E entscheidet die Sache:

Nichtexistenz bedeutet $(x \in A)^f$, und das entspricht genau der *Leere* von A (die Vorgabe $x \in A$ führt zu einem Widerspruch). Die Nichtleere von A bedeutet also $(x \in A)^{ff}$, und das ist genau die Existenz von $x \in A$ (die eines Objektes x mit der Eigenschaft $x \in A$) in dem eben angedachten Sinne.

Die mystische und inakzeptable Äquivalenz 2(a) $\Leftrightarrow$ 2(b) – sie beruht auf 2(a) $\Leftrightarrow$ 2(c) – löst sich nun dadurch auf, daß 2(c) nur noch für stabiles S gilt. So modifiziert bleibt 2(c) sogar äquivalent zu 2(a).

Als Negation ist jede Existenzaussage $2(b)^{ff}$ stabil. Und nach 3(e) bleibt die Stabilität erhalten, wenn ihr noch (wie eigentlich immer) eine Voraussetzung vorausgeht. Ich bemerke auch noch, daß leere Bereiche A, B gleich sind. Dafür ist die spezielle Natur des „Urfalschen" F wesentlich:

$$x \in A \;\Rightarrow\; F \;\Rightarrow\; \text{ALLES} \;\Rightarrow\; \text{alle Bereiche sind gleich} \;\Rightarrow\; x \in B.$$

Was E angeht, so reicht

(c) $x \in \mathcal{D} \;\Rightarrow\; E$ ist eine Aussage

für unsere Diskussion völlig aus. Und es folgt sogar noch

(d) $(\exists_{x \in \mathcal{D}} E)^f \;\Longleftrightarrow\; \forall_{x \in \mathcal{D}} E^f$,

(e) $(\forall_{x \in \mathcal{D}} E)^f \;\Longleftrightarrow\; \exists_{x \in \mathcal{D}} E^f$,

wobei $\forall_{x \in \mathcal{D}} E$ für $x \in \mathcal{D} \Rightarrow E$ steht, $\exists_{x \in \mathcal{D}} E$ für die Existenz eines Objektes x mit der „Eigenschaft" E, im Sinne von (b), d. h. im Sinne von $(x \in \mathcal{D} \wedge E)^{ff}$.

Natürlich dürfte $\mathcal{D}$ auch irgendein Bereich sein, oder sonst irgendeine Einschränkung der betrachteten Objekte x andeuten.

Der Beweis von (d)(e) ist eine schlichte Anwendung der logischen Regeln

$$(S \wedge T)^f \;\Longleftrightarrow\; S \Rightarrow T^f \qquad (S \Rightarrow T)^f \;\Longleftrightarrow\; (S \wedge T^f)^{ff}$$

neben 3(g). Dabei muß T nicht wie S als Aussage vorausgesetzt werden, es genügt $S \Longrightarrow T$ ist eine Aussage [2(d)]. Damit (c) als Aussage akzeptiert werden kann, muß genau wie etwa A *ist ein Bereich*, α *ist eine Abbildung*, x *ist ein Objekt*, $x \in A$ (A ein Bereich) auch E *ist eine Aussage* eine Aussage sein. Salopp ausgedrückt: In Aussagen darf auch von Aussagen geredet werden, genau wie von Bereichen, Abbildungen, Objekten. Das war schon nötig, als wir von dem Urfalschen F sprachen (alle Aussagen sind äquivalent).

5.5. Die strikte Befolgung des in 2.6 formulierten Existenzprinzips

Die Existenz eines mathematischen Objekts muß vorausgesetzt oder bewiesen werden, tertium non datur!

ist neben der Abkehr von einem inhaltlichen Mengenbegriff[31] das herausragende Merkmal von Zermelos „Axiomatisierung" der Mengenlehre [20]. Sie ist die zwangsläufige Folge dieser Abkehr. Zentral ist sein

Axiom der Aussonderung: Ist die Klassenaussage $\mathcal{E}(x)$ definit für alle Elemente einer Menge M, so besitzt M immer eine Untermenge $M_{\mathcal{E}}$, welche alle diejenigen Elemente x von M, für welche $\mathcal{E}(x)$ wahr ist, und nur solche als Elemente enthält.

Zu dem verwendeteten Begriff *definit* heißt es vorher:

Eine Frage oder Aussage $\mathcal{E}$, über deren Gültigkeit oder Ungültigkeit die Grundbeziehungen des Bereiches[32] vermöge der Axiome und der allgemeingültigen logischen Gesetze ohne Willkür entscheiden, heißt „definit". Ebenso wird auch eine „Klassenaussage" $\mathcal{E}(x)$[33], in welcher der variable Term x alle Individuen einer Klasse K durchlaufen kann, als „definit" bezeichnet, wenn sie für jedes e i n z e l n e Individuum der Klasse K definit ist. So ist die Frage, ob $a \in b$ oder nicht ist, immer definit, ebenso die Frage, ob $M \subseteq N$ oder nicht.

Welcher Teufel ritt Zermelo, als er seine „Klassenaussage" mit dem Zusatz *definit* verzierte, der ihm statt Anerkennung nur Ärger und Mühe einbrachte [21]. Ich kann seinen Sinn ebensowenig erkennen wie seine Nachfolger[34], die aber die Notwendigkeit erkannten, den Begriff „Klassenaussage" im Sinne einer für die jeweiligen Elemente definierten *Eigenschaft* zu erklären, d. h. zu definieren (oder das Axiom sonstwie umzuformulieren). Über das Ergebnis kann der Leser sich via [3] informieren. Siehe auch [9] (Zermelos Kritik [Fußnote 7] richtet sich offenbar gegen Fraenkels Funktionsbegriff).

Zermelos fruchtlose Versuche, sein „definit" zu erklären, schreien geradezu nach einer expliziten Definition für die Negation einer Aussage, genau wie die von Wittenberg [2.4] angesprochenen Diskussionen und Streitereien um das *tertium non datur* (plus *Existenz*), und genau so wie die Probleme mit dem Konvergenzbegriff nach einer expliziten Definition desselben drängten. Das sozusagen als Nachhall zu 5.3 und 5.4.

---

[31]Das gleich auftauchende Wort „Bereich" ist diesbezüglich belanglos, auf [21] trifft Wittenbergs Vorwurf [4.6] aber durchaus zu.

[32]Zermelo: *Die Mengenlehre hat zu tun mit einem „Bereich" von Objekten, die wir einfach als „Dinge" bezeichnen wollen, unter denen die „Mengen" einen Teil bilden.*

[33]Verstehe darunter einen „den Term" x involvierenden Ausdruck, der für $x \in K$ eine Aussage darstellt. Das entspricht dem praemodernen Funktionsbegriff der Analysis.

[34]Allerdings glaubte ich über 20 Jahre hinweg fest an die Zweckmäßigkeit der Einschränkung *definit* bei dem gleich folgenden Aussonderungsaxiom für Bereiche, sah in dieser Kombination geradezu d e n Eckstein der kommenden Synthese (den *Stein der Weisen*, Wort in Fleisch verwandelnd).

5.6. Die Wortwahl *Klassenaussage* paßt gut zu unserem Klassenbegriff. Wenn ich den Begriff einer *Eigenschaft* oder *Klassenaussage* auf einer Klasse (speziell einer Menge) A definieren **müßte**, dann als eine Abbildung E, die jedem $x \in A$ eine Aussage $E(x)$ zuordnet und natürlich eine *Klassenabbildung* sein soll: $x = y \implies E(x) \Leftrightarrow E(y)$.

Dafür müßten Aussagen auch Objekte sein[35]; am besten führt man gleich die *Klasse aller Aussagen* ein, mit $\Leftrightarrow$ als Gleichheitsbeziehung.

Ich muß aber nicht, weil es nämlich die Alternative gibt, auf den Allgemeinbegriff *Eigenschaft* ganz zu verzichten und sich allein auf 5.4(c) zu gründen, bezogen auf einen Bereich A also auf

(a) $x \in A \implies E$ ist eine Aussage

Mit x ist auch y eine Zahl.   Das ist der Kern des altertümlichen (aber eleganten) Begriffs einer Funktion y von x. Worin liegt der Unterschied zu (a)?

Drücke (a) auch so aus: *E ist eine Eigenschaft von $x \in A$.*

Oder so: *E ist eine Aussage über $x \in A$.*

Das Aussonderungsaxiom für Bereiche lautet dann so:

(b) Gilt (a), so existiert ein Teilbereich U von A mit

$$x \in A \implies x \in U \Leftrightarrow E.$$

Damit hat sich de facto auch ein Aussonderungsaxiom für Klassen etabliert: Wende (b) auf den Grundbereich A einer Klasse K an, verifiziere die Verträglichkeit von U mit $=_K$, erhalte die Teilklasse $U/=_K$.

Jede Aussage ist ein Beispiel für E in (a), und umgekehrt könnte E auch als Aussage vorausgesetzt werden: Ersetze E durch $x \in \mathcal{D} \wedge E$. Das Beispiel F anstelle E führt über (b) zur Existenz eines leeren Bereiches und einer leeren Klasse (gesetzt, es gibt überhaupt einen Bereich bzw. eine Klasse).

Damit hat sich das Thema *Eigenschaften* als begriffskritisches Problem für mich erledigt. Gewiß, mit einem derartig schwachen Ersatz für einen „richtigen" Eigenschaftsbegriff läßt sich nicht viel Staat machen, dafür klebt x zu fest an E. Er reicht aber für einige allgemeine Begriffsbildungen, Voraussetzungen und Regeln, und in der Anwendung auf ein konkretes E (man denke an einen x involvierenden Ausdruck) wird x dann auch richtig „variabel".

Übrigens: Ist nicht ein Bereich genau das, was der Leser sich intuitiv unter einer „richtigen" Eigenschaft (von Objekten) vorstellt? Man sage doch einfach „Objekt mit der Eigenschaft U" statt „Element des Bereiches U".

Der (b) innewohnende Witz besteht gerade darin, eine schwache Eigenschaft E im Sinne von (a) in eine starke Eigenschaft in dem eben erklärten Sinne zu verwandeln, sie quasi hochzutransformieren.

---

[35]Dann ließe sich *Bereich* als Grundbegriff eliminieren: Setze wie v. Neumann nur Objekte und Abbildungen voraus. Verstehe unter einem Bereich eine Abbildung B, derart daß xB immer eine Aussage ist. Schreibe $x \in B$ statt xB.

5.7. Existenz im Sinne von 4(b), d. h. im Sinne von

(a) $\qquad \exists_{x \in \mathcal{D}} E \iff (x \in \mathcal{D} \land E)^{ff}$,

gestattet leider nicht mehr die in 5.1 geschilderten Gebräuche, sondern wird praktisch nur über 2(c) wirksam, und nur für stabiles S:

(b) $\qquad \exists_{x \in \mathcal{D}} E$ plus $x \in \mathcal{D} \land E \Rightarrow S$ (S stabil) impliziert S.

Nur um eine stabile Behauptung zu beweisen, dürfen wir uns also wie gewohnt verhalten, ein existentes Objekt (die Aussage $x \in \mathcal{D} \land E$) einfach voraussetzen, speziell $x \in A$ wenn A ein nichtleerer Bereich ist.

Auch in der realen Welt, der Wirklichkeit, bedeutet das reine Sein nichts, nur die Wirkung zählt. Aus ihr wird überhaupt erst auf das Sein geschlossen. Letzten Endes wird es nur postuliert, als Ursache des Wahrgenommenen (des für wahr genommenen), der Sinnesempfindung, interpretiert als Reaktion des Realen. Kurz: Im Anfang war das Wort, und das Wort ward Fleisch.

Noch kürzer: Cogitor, ergo sum.

Hugo v. Hofmannsthal: *Daß wir Deutschen das uns Umgebende als ein Wirkendes – die «Wirklichkeit» bezeichnen, die lateinischen Europäer als «Dinglichkeit», la réalité, zeigt die fundamentale Verschiedenheit des Geistes, und daß jene und wir in ganz verschiedener Weise auf dieser Welt zu Hause sind.* Siehe auch §4 in Schopenhauers *Die Welt als Wille und Vorstellung I*.

6. Was ist eine Aussage?

6.1. Aus seinen Betrachtungen zieht Wittenberg das Resumè, daß in der Mathematik weder der inhaltliche noch der rein formale Standpunkt voll zu befriedigen vermag. Er sieht diesen Konflikt auf der Mengenebene. Ich sehe ihn tiefer, in dem, was ich *Reine Logik* nenne. Darunter verstehe ich die Art und Weise, wie Menschen über *Aussagen an sich* reden, also ohne Rücksicht auf den eventuellen Inhalt der jeweiligen Aussagen, und zwar allein mit den Worten *und, oder, wenn ... dann* (und ihren Synonymen). Sie gehört also zu der jeder mathematischen Kommunikation zugrundeliegenden Sprachkultur.

Alles Eliminieren (Vergessen plus Synthese) findet dort sein natürliches Ende, wo kein weiterer derartiger Schritt ohne das eigentlich Vergessene zu bewerkstelligen ist. Dadurch bestimmen sich die Grenzen der „Reinen Logik". Man mag von *Aussagenlogik* reden, aber ohne Negation, sie reduziert sich also auf die Angabe der banalsten logischen Regeln. Aber: *Die Aussagenlogik ist nur der komprimiert geschriebene Ausdruck des realen Denkens*[36].

Es ist also ganz gleichgültig, ob man diese Regeln angibt – ins Bewußtsein hebt – oder nicht: Ihre korrekte Anwendung, ihr korrektes *Verständnis*, setzt das voraus, was durch sie vermittelt werden soll. Schon die Aufführung von

---

[36] *Warum kann Hänschen nicht rechnen?* M. Kline, Beltz-Verlag, Basel 1974.

Regeln (1), (2), ... über Aussagen A, B, C, ... ist doch so zu verstehen:
WENN A, B, C, ... Aussagen sind, DANN GILT (1) UND (2) UND ....

Neben dem „richtigen" Gebrauch und Verständnis der involvierten Worte
(*wenn ... dann*, *es gilt*, *und*) involviert diese allerniedrigste Stufe auch schon
geläufige Symbole – hier A, B, C – als *Variable* oder *Platzhalter*, als „Namen"
oder „Bezeichnungen" für alles mögliche.

Läßt sich auch nichts weiter reduzieren, so kann es doch durchaus nützlich
sein, sich noch einmal vor Augen zu halten, daß das Wörtchen *und* einem schon
vorhandenen Wissen weiteres (eine weitere Information) hinzufügt, und daß
die Wahrheit einer Implikation $S \Rightarrow T$ darauf hinausläuft, daß ein gedachtes
Gegenüber mit S auch T als „wahr" zur Kenntnis nimmt, mein „also gilt T"
zustimmend abnickt, und zwar ohne oder mit meiner Hilfe[37] (*Beweis* genannt),
je nachdem ob $S \Rightarrow T$ schon bekannt ist (als wahr akzepiert wurde) oder nicht.

Mathematische Wahrheit läuft also auf ein gewisses durch Gewöhnung
entstandenes Zustimmungsverhalten hinaus[38]. Mehr kann auch ein „externer
Beobachter der mathematischen Szene" [2.6] nicht gewahr werden.

Schon wenn ich etwas eine *Regel* nenne, erwarte ich, daß der Leser sie als
wahr anerkennt, so wie die Regel $S \Leftrightarrow S$ *ist wahr*, die die Unsinnigkeit jeglicher
Wahrheitsdefinition besonders deutlich macht.

Die der Mathematik nachgesagte Präzision, ihr so gut wie absoluter Wahr-
heitsgehalt, ihre Widerspruchsfreiheit, läuft einfach auf die Homogenität dieses Zustimmungsverhaltens hinaus, auf eine durch Begriffsarmut ermöglichte
Sprachdisziplin. Kommt es doch einmal zu einem Widerspruch, zu einer
Zustimmungsverweigerung, so genügt es, den Widersprechenden (den Zweifler,
den Schweiger) zu ignorieren, als inkompetent oder ver*rückt* (von der geraden,
richtigen Linie abweichend, ab*rückend*, weg*gerückt*) zu erklären[39]. Man muß
ihn zum Schutze der Wahrheit nicht gleich einsperren oder verbrennen.

Trotz einer weiteren Äußerung Klines im Nacken[40], möchte ich doch noch
kurz den Umgang mit „Variablen" ansprechen:

---

[37]Galileo Galilei: *Man kann einen Menschen nichts lehren, man kann ihm nur helfen,
es in sich selbst zu entdecken.*

[38]Dieses geht letztlich auf die schon im Tierreich erworbenen Erfahrungen mit der
zeitlichen Abfolge von Ereignissen zurück. Die logische Bedeutung der Worte *folgen*
und *wenn ... dann* abstrahiert ihren urspünglich rein temporalen Sinn.
Siehe auch Kapitel X (Sprache und Wirklichkeit in der modernen Physik) in dem
Büchlein *Physik und Philosophie* von W. Heisenberg [Ullstein, Berlin 1961].

[39]Oder als einen *als Mathematiker verkleideten Philosophen* [12].

[40]*Die Neue Mathematik als Ganzes ist eine Darstellung aus der Sicht des seichten
Mathematikers, der lediglich die unbedeutenden deduktiven Details schätzt, sowie die
minderen pedantischen, sterilen Unterscheidungen, wie diejenige zwischen Zahl und
Zahldarstellung, und der danach trachtet, Bagatellen durch hochtönende Terminologie
und Symbolismus aufzubauschen.*

Dem Ausdruck $\forall_{x \in A} E$ – *für jedes Element x von A gilt E* – habe ich den Inhalt $x \in A \Rightarrow E$ gegeben. In der Praxis gibt es einen kleinen Unterschied: Angesichts $\forall_{x \in A} E$ brauche ich mich nicht um eine früher dem Symbol x gegebene Bedeutung zu kümmern. Ein auf den ersten Blick gruppentheoretischer Satz G *Gruppe* $\Rightarrow \ldots$ hat eine ganz andere Bedeutung, wenn in dem gegebenen Zusammenhang schon G als Halbgruppe vorliegt.

6.2. Wir haben im Laufe der Analyse alles auf Elementaraussagen wie *A ist ein Bereich*, *x ist ein Element von A*, *x ist ein Objekt*, *α ist eine Abbildung*, *S ist eine Aussage* reduziert. Von letzterer abgesehen, ist ihr Informationsgehalt rein formaler Natur, d. h. die Worte *Bereich, Element, Objekt, Abbildung* würden Dedekinds Probe [2.1, Fußnote 3] mühelos bestehen. Dagegen ist das Konglomerat *Aussage, und, oder, wenn/dann* inhaltlicher Natur. Es verankert die Mathematik im engeren Sinne in der zugrundeliegenden Sprachkultur.

Was immer uns in Fortsetzung des bisherigen als Aussage begegnen wird, läßt sich als sukzessive aus solchen Elementaraussagen via 5.2(g) – Komposition mittels *und, oder, impliziert* – entstanden denken[41]. Eine solche Beschreibung in eine Definition umzumünzen, habe ich schon in 2.4 ausgeschlossen. Wie im Kefersteinbrief würde Falschgeld entstehen, Papier mit den inhaltsleeren Worten „karam sipo tatura". Auch als bare Münze genommen würde es nichts an dem Begriffsproblem ändern, sondern nur die mathematischen aus der Masse der gewöhnlichen – umgangssprachlich so genannten – Aussagen aussondern, mittels expliziter Angabe statt implizit durch Angabe einiger Regeln.

Dieser Gegensatz ist genau der zwischen dem *Äußerlichen* und dem *Innerlichen* in der Mathematik [Ges. Werke II, 54-55], personifiziert durch Hilbert und Dedekind. Dedekinds Aversion gegen das Äußerliche (im Einklang mit einem Gottesgebot: *Du sollst dir kein Bildnis machen!*) steht Hilberts Betonung des konkret-anschaulichen an seiner Beweistheorie diametral gegenüber.

Der Aufgabe, den Begriff einer Aussage zu erklären, stehe ich letztlich genauso hilflos gegenüber wie der hl. Augustinus der Frage *Was ist die Zeit?*.

So wie es dem Physiker genügt, die Zeit zu messen, muß es dem Mathematiker genügen, jedesmal wenn er es von seinem Gegenüber erwartet, eine Äußerung, einen Ausdruck, als *Aussage* akzeptiert zu sehen. Und das sollten die oben angesprochenen Festlegungen (5.2(d) plus Elementaraussagen) mit einer für das mathematische Schließen ausreichenden Schärfe gewährleisten.

---

[41]Auf einem solchen Verständnis ließe sich dann eine Art Beweistheorie etablieren. Eine solche, auf welcher Grundlage auch immer, ist Meta-Mathematik in des Wortes natürlicher Bedeutung, oder, nach entsprechender Axiomatisierung, eine mathematische Theorie. Der Vergleich mit theoretischer bzw. mathematischer Physik ist vielleicht nicht ganz abwegig. Als abwegig empfinde ich nur die Vermengung mit dem Thema *Grundlagen der Mathematik*.

Daß sich die Innereien einer Aussage so dem anatomisch interessierten Auge verschließen, daß man nicht einmal von ihnen reden kann, verbaut jede Möglichkeit, sich mit seinen Grundlagenproblemen in eine wie auch immer geartete logische Wissenschaft zu flüchten (wie in der axiomatischen Mengenlehre).

Man verfügt nur über das blanke Wort *Aussage*, nicht über ein-, zwei-, oder mehrstellige „Prädikate" oder sonstwas.

6.3. Die in der Literatur verstreuten logisch-sprachlichen Antinomien beruhen hauptsächlich darauf, daß alles und jedes als Aussage akzeptiert wird, daß auch noch die Lebenssituation der aussagenden Personen mit ins Spiel kommt. Außerdem wird mit schwammigen Begriffen gearbeitet, und manchmal sind die Dinge auch gar nicht richtig durchdacht, rein logisch gesehen.

Witzig und lehrreich ist die folgende Version des Lügnerparadoxons[42]:

Sokrates: Was Platon gleich sagen wird, ist falsch.

Platon: Sokrates hat wahr gesprochen.

Das Lehrreiche an der Sache besteht darin, daß sie die früher gegebene Definition $S^f \iff S \Rightarrow F$ mühelos überlebt. Anstelle eines Widerspruchs folgt nun die ganz beliebige Aussage F (etwa der Satz von Fermat). Das Vergnügen der Herleitung lasse ich aber dem Leser. Die Aussage des Sokrates lautet jetzt

(S) Die gleich folgende Aussage des Platon impliziert F.

In seinem Buche *Aufbau der Physik* [Carl Hanser Verlag, München 1985] entwickelt C. F. v. Weizsäcker eine „Logik zeitlicher Aussagen" und wendet sie auf ein „altbekanntes »Paradox«" an: *Der Lehrer sagt den Schülern: »In der kommenden Woche werde ich eine Klassenarbeit schreiben lassen, aber ihr werdet nicht vorher wissen, an welchem Tag.« Präzisierungsfrage: »Werden wir es auch am Morgen des betreffenden Tages nicht wissen?« Antwort: »Auch an dem Morgen nicht.« Das Paradox besteht nun darin, daß diese Aussage*

1. Einen Widerspruch impliziert,
2. empirisch leicht bestätigt werden kann.

Um es kurz zu machen: Die Schüler schließen, mit dem letzten beginnend, einen Tag nach dem andern aus, und wundern sich dann, als der Lehrer am Mittwoch doch schreiben läßt. So stellen sich jedenfalls die Autoren die „empirische Bestätigung" vor.

Aber: Eure Gedanken sind nicht unsere Gedanken! Für jeden aufgeweckten Schüler ist es Mittwoch früh sonnenklar, daß die Arbeit noch am selben Tage geschrieben werden **muß**, weil ja alle übrigen Tage logisch einwandfrei ausgeschlossen wurden.

---

[42]Dem Büchlein *Die Scheinwelt des Paradoxons* von P. Hughes und G. Brecht entnommen [Vieweg, Braunschweig 1978].
    In ihm wird auch das gleich folgende „altbekannte »Paradox« " diskutiert.

6.4. Das unausgesprochen im Raume stehende Wort *Unfug*, einhergehend mit Dedekinds *karam sipo tatura*, erinnert an einen Passus in Zermelos [21]:

Natürlich gibt es auch „nicht-definite" Eigenschaften in jedem System, wie etwa „grün angestrichene" Mengen oder Irrationalzahlen, „die durch keine endliche Anzahhl von Worten in einer beliebigen europäischen Sprache definiert werden können", und es erscheint mir keineswegs überflüssig, auf solche „unsinnigen" oder „unwissenschaftlichen" Definitionen Bezug zu nehmen: hat man doch mit solchen Hilfsmitteln u. a. „die Unmöglichkeit der Wohlordnung des Kontinuums" nachweisen wollen.

Ich denke, man sollte jedem sein Vergnügen lassen, der sich mit der Menge der grünen Zahlen zwischen 5 und 99 beschäftigen möchte. Es lohnt sich auch nicht, die Existenz einer solchen Menge zu bestreiten; das wäre genauso unsinnig wie sie zu behaupten (aber nicht unsinniger als Existenz- und Gleichheitsfragen in manch anderem Bereich).

Ähnlich sehe ich die Menge aller Zahlen y mit $x + 2 = 5$. Zu ihr gelangt man ganz seriös so: Schreibe E für $x + 2 = 5$. Dann ist E eine Aussage wenn (immer wenn) x eine Zahl ist, und letztere Aussage (x *Zahl* $\Rightarrow$ E *Aussage*), für sich genommen, impliziert somit dasselbe mit y anstelle x, d. h. E ist auch eine Eigenschaft von Zahlen y (in der Terminologie von 5.6). Ist das bedenklich?

6.5. Zurück zum Ernst des Lebens! Dedekind im Kefersteinbrief:

Damit war die Analyse beendigt, und der synthetische Aufbau konnte beginnen; es hat mir doch noch Mühe genug gemacht!

Auch der Leser meiner Schrift hat es wahrlich nicht leicht; außer dem gesunden Menschenverstande gehört auch noch ein sehr starker Wille dazu, um Alles vollständig durchzuarbeiten.

Also auf zum *Aufbruch in das neue Land*[43]. Manch exotisch anmutendes mag dem kühnen Entdecker begegnen, und auch dafür hält das Buch von Weizsäcker und Juilfs [3.1] ein schönes Wort parat:

Wer sich die Welt anschaulich vorstellen will, begnüge sich wie Goethe mit dem wirklichen Augenschein, mit dem Urphänomen.

Wer hinter den Augenschein dringen will, suche dort nicht die Gesetze des Bereiches wiederzufinden, den zu verlassen sein Ziel ist.

Mutatis mutandis: Man nehme das Thema *Grundlagen der Mathematik* ernst oder lebe weiter glücklich und zufrieden in Cantors Paradies.

---

[43]*Der Teil und das Ganze.* W. Heisenberg. R. Piper & Co., München 1969.

1. Reine Logik und Negation.

1.1. Unsere Diskussion (mathematischer) Aussagen gründet sich auf die Annahmen (a) und (b) und den gewohnten Umgang mit den Worten *und*, *oder*, *impliziert* (und ihren Synonymen, wie $\land, \lor, \Rightarrow$), sowie mit den als Namen für alles mögliche vertrauten Symbolen, meistens Buchstaben.

Dieser „gewohnte Umgang" läuft auf ein gewisses homogenes Zustimmungsverhalten hinaus, in welchem sich für mich auch der Begriff mathematischer Wahrheit erschöpft. Es liegt jeder zwischenmenschlichen Kommunikation zugrunde, also auch jedem Versuch es zu erklären, und darin ändert auch die Auflistung schöner logischer Regeln nichts.

Wir nutzen die vertraute mathematische Sprache, so weit ihre Bedeutung in dem hier entwickelten Rahmen klar ist.

Natürlich soll (b) auch für jedes andere „Symbol" anstelle X gelten, und das läßt sich auch so ausdrücken: *ist eine Aussage* ist ein Prädikat (im gewöhnlichen grammatischen Sinne) der zu entwickelnden Sprache. Weitere Prädikate werden in 2.1 eingeführt: *ist ein Objekt*, *ist ein Bereich*, *ist eine Abbildung*.

(a) Mit S und T sind auch $S \land T$, $S \lor T$ und $S \Rightarrow T$ Ausssagen.

Für $\land$ und $\Rightarrow$ genügt anstelle T *Aussage* die Voraussetzung

$\quad (*) \qquad S$ hat zur Folge, daß T eine Aussage ist.

(b) X *ist eine Aussage* ist eine Aussage.

1.2. Bezüglich einer noch festzulegenden Aussage F wird die *Negation* S^f einer Aussage S als die Aussage $S \Rightarrow F$ definiert, und daraus erklärt sich die Bedeutung von Worten wie *nicht* und *falsch* im Zusammenhang mit Aussagen. Weitere Definitionen:

S ist *stabil* $:\Longleftrightarrow$ $S^{ff} \Rightarrow S$,

S ist *definit* $:\Longleftrightarrow$ $S \lor S^f$.

Das kanonische F, das *Urfalsche*, ist die Aussage, daß alle Aussagen äquivalent sind: A, B Aussagen $\implies$ $A \Rightarrow B$. Es liegt allem weiteren zugrunde. Gleichwertig: Eine falsche Aussage impliziert jede Aussage.

Ohnehin ist falsch was etwas falsches impliziert, und auch die Masse der gleich folgenden Regeln ist ganz unabhängig von F: setze in 1.4(b), 1.5(b) sowie 1.5(a)[$\Rightarrow$] noch $F \Rightarrow T$ voraus. All diese Regeln könnten einem auch bei den Intuitionisten begegnen, die übrigens das Wort *stabil* in demselben Sinne verwendeten (laut Meyers Konversationslexikon).

Die doppelte Negation S^{ff} ist der *stabile Abschluß* von S [1.7(a)].

1.3. Einfache Grundregeln.

(a) $S \Rightarrow T \implies T^f \Rightarrow S^f$.

(b) $S \Rightarrow T \implies S^{ff} \Rightarrow T^{ff}$.

(c) $S \Rightarrow S^{ff}$ ($S \wedge S^f$ ist falsch).

(d) $S^{fff} \Leftrightarrow S^f$ (S^f ist stabil).

(e) $S \Rightarrow S^f \implies S^f$.

1.4. Speziellere Regeln [(∗) genügt in (a)(b)].

(a) $(S \wedge T)^f \iff S \Rightarrow T^f$.

(b) $(S \Rightarrow T)^f \iff (S \wedge T^f)^{ff}$.

(c) $(S \vee T)^f \iff S^f \wedge T^f$.

(d) $(S \vee S^f)^{ff}$ (S ist nicht indefinit).

(e) $(S^{ff} \Rightarrow S)^{ff}$ (S ist nicht instabil).

(f) S ist definit $\iff$ *S ist definit* ist stabil.

(g) S ist stabil $\iff$ *S ist stabil* ist stabil.

1.5. Hauptregeln [(∗) genügt in (c)(d)].

(a) Mit S und T sind auch $S \wedge T$, $S \vee T$, $S \Rightarrow T$ definit.

(b) Ist T definit, so ist T stabil (also auch T^f definit).

(c) Mit S und T ist auch $S \wedge T$ stabil.

(d) Stabilität ist assoziativ:

$$(S \Rightarrow T) \text{ ist stabil} \iff S \Rightarrow (T \text{ ist stabil}).$$

1.6. Weiteres [(∗) genügt in (e)].

(a) Ist S definit und T stabil, so ist auch $S \vee T$ stabil.

(b) $(S \wedge T)^f \iff (S^f \vee T^f)^{ff}$.

(c) $(S \wedge T)^f \iff S^f \vee T^f$ falls S (oder T) definit ist.

(d) $(S \wedge T)^{ff} \iff S^{ff} \wedge T^{ff}$.

(e) $(S \wedge T)^{ff} \iff S^{ff} \wedge (S \Rightarrow T^{ff})$.

(f) $(S \Leftrightarrow S^f)^f$ (Lügnerregel).

1.7. (a) Die Regel 1.3(b) wird eine zentrale Rolle spielen:
Eine stabile Aussage T folgt schon aus S^{ff} wenn sie aus S folgt.
Man darf also S annehmen um $S^{ff} \Rightarrow T$ zu beweisen.

(b) Soweit nicht unmittelbar einsichtig (gewöhnlich über 1.3(d) und 1.5), bleiben Stabilität und Definitheit einer Aussage im dunkeln.

Leider kann (a) nicht helfen [1.4(f)(g)].

2. Bereiche und Abbildungen.

2.1. Wie in 1.1 angedeutet, ist x *ist ein Objekt* eine Aussage, ebenso A *ist ein Bereich* und α *ist eine Abbildung* (wenn α bzw. A ein Objekt ist).

Der rein sprachliche Informationsgehalt wird durch (a)(b) wiedergegeben:

(a) $x\alpha$ ist ein Objekt wenn x ein Objekt und α eine Abbildung ist,

(b) $x \in A$ ist eine Aussage wenn x ein Objekt und A ein Bereich ist.

Das reflektiert das absolute Minimum an Information, welches mit den Begriffen *Menge* und *Abbildung* in der r.e. Mathematik verbunden ist:

Eine Menge M bzw. Abbildung α erlaubt, von den *Elementen* von M zu reden bzw. den Bildern $x\alpha$ gewisser Objekte x.

Die durch (a) bewirkte Befreiung von einem „Definitionsbereich" ist durchaus mit der r.e. Mathematik kompatibel: Von einer Menge wird gewöhnlich verlangt, daß sie ein Objekt entweder enthält oder nicht enthält. Definiere dementsprechend, wenn A Definitionsbereich von α ist, $x\alpha$ beliebig für $x \notin A$. Setze α so zu einer gleichwertigen Abbildung in unserem Sinne fort.

Schon bei Dedekind [7] gibt es keinen „Wertebereich".

2.2. Für Bereiche A, B haben $A \subseteq B$ und $A = B$ die vertraute Bedeutung:
$$x \in A \;\Rightarrow\; x \in B \qquad \text{bzw.} \qquad x \in A \;\Leftrightarrow\; x \in B,$$
und $\alpha : A \to B$ steht für $x \in A \Rightarrow x\alpha \in B$.

(a) $\alpha : A \to B$ plus $A' \subseteq A$ impliziert $\alpha : A' \to B$.

(b) $\alpha : A \to B$ plus $B \subseteq B'$ impliziert $\alpha : A \to B'$.

2.3. Eine *Relation zu* einem Bereich A ist eine Abildung ρ, derart daß $x\rho$ für jedes $x \in A$ ein Bereich ist; und ρ ist eine Relation *auf* oder *von* A, wenn $x\rho$ sogar ein *Teilbereich* von A ist $(x \in A \Rightarrow x\rho \subseteq A)$.

Schreibe $x\rho y$ für $y \in x\rho$. Das erklärt den Begriff einer *Äquivalenzrelation*.

Schreibe $\rho \subseteq (=) \tau$ wenn $x\rho \subseteq (=) x\tau$ für alle $x \in A$ (τ Relation wie ρ).

(a) Die Beziehungen $=$ und $\subseteq$ (reine Notation!) sind reflexiv und transitiv, weiter symmetrisch bzw. anti-symmetrisch (für Relationen wie Bereiche).

(b) Sei $U \subseteq A$ und ρ eine Relation von A mit $x\rho \subseteq U$ für alle $x \in U$. Dann ist ρ auch eine Relation von U.

2.4. Ein Bereich A ist *leer*, wenn $(x \in A)^f$ gilt (für jedes Objekt x), und dann folgt $A \subseteq B$ für jeden Bereich B.

Läßt sich ein Element in A „wählen" wenn A nicht leer ist?

Ist eine aus $x \in A$ resultierende Aussage T tatsächlich wahr?

Ja, wenn T stabil ist, denn dann genügt $(x \in A)^{ff}$ statt $x \in A$ [1.7(a)].

3. Existenz.

3.1. Schreibe kurz $x \in \mathcal{D}$ für x *ist ein Objekt.* Setze für das folgende

$(*) \qquad x \in \mathcal{D} \;\Rightarrow\; E$ ist eine Aussage

voraus. Das genügt für einige allgemeine Definitionen, Regeln und Voraussetzungen. Auf etwas explizites angewandt – man denke an einen x involvierenden Ausdruck anstelle E – lassen sie sich in der gewohnten Weise handhaben, d. h. das bei allgemeinem E fest an E klebende x wird wieder „variabel"[44].

Es liegt nahe, von einer *Eigenschaft von* $x \in \mathcal{D}$ (von Objekten x) zu reden, auch von einer *Aussage über* $x \in \mathcal{D}$. Natürlich könnte $\mathcal{D}$ auch für irgendeinen Bereich stehen, oder für sonst eine Einschränkung, eine weitere Eigenschaft E' von Objekten x. Dazu wäre aber $(*)$ – mit $E' \wedge E$ anstelle E – äquivalent.

Es ist kein Verlust an Allgemeinheit, gleich eine Aussage E vorauszusetzen: ersetze einfach E durch $x \in \mathcal{D} \wedge E$ [1.1(a)$(*)$].

3.2. Schreibe $\exists_{x \in \mathcal{D}}\, E$ für $(x \in \mathcal{D} \wedge E)^{ff}$.

Die Negation dieser *Existenzaussage* ist $(x \in \mathcal{D} \wedge E)^f$ [1.3(d)].

Ein Hauptbeispiel für E ist $x \in A$ (A ein Bereich). Nichtexistenz bedeutet A *ist leer,* Existenz somit A *ist nicht leer.* Genauso vertraut ist uns

$$x \in \mathcal{D} \wedge E \quad\Longrightarrow\quad \exists_{x \in \mathcal{D}}\, E$$

und daß zum Beweis der Nichtexistenz eines Objektes x mit Eigenschaft E ein solches x zu einem Widerspruch (einer falschen Aussage) geführt werden muß.

3.3. Schreibe $\forall_{x \in \mathcal{D}}\, E$ für $x \in \mathcal{D} \Rightarrow E$. Mit 1.4(a)(b) folgt

(a) $(\exists_{x \in \mathcal{D}}\, E)^f \quad\Longleftrightarrow\quad \forall_{x \in \mathcal{D}}\, E^f,$

(b) $(\forall_{x \in \mathcal{D}}\, E)^f \quad\Longleftrightarrow\quad \exists_{x \in \mathcal{D}}\, E^f.$

3.4. Der Beobachtung in 2.4 ganz analog ist die folgende (allgemeinere):

$$\exists_{x \in \mathcal{D}}\, E \;\text{ plus }\; x \in \mathcal{D} \wedge E \;\Rightarrow\; T \;\;(T \text{ stabil}) \;\text{ impliziert } T.$$

3.5. Die Existenz eines Objektes x mit Eigenschaft E gelangt praktisch nur über 3.4 zur Anwendung: Zum Beweis einer stabilen Behauptung (nenne sowas einen *Standardbeweis*) darf ein solches x explizit vorausgesetzt werden.

Jede Existenzaussage $\exists_{x \in \mathcal{D}}\, E$ ist stabil, wie jede Negation S^f.

Gewöhnlich geht $\exists_{x \in \mathcal{D}}\, E$ noch eine Voraussetzung V voraus, und auch eine solche allgemeine Existenzaussage $V \Rightarrow \exists_{x \in \mathcal{D}}\, E$ ist stabil [1.5(d)].

---

[44]Wer aus $(*)$ die Aussage $y \in \mathcal{D} \Rightarrow E$ *ist eine Aussage* ableitet, mag sehen wie weit er damit kommt. Wem es nach einem „richtigen" Eigenschaftsbegriff verlangt, möge doch einfach *Objekt mit Eigenschaft A* sagen statt *Element des Bereiches A.*

4. Klassen und Gleichheit.

4.1. In erster Näherung ist eine Klasse ein Bereich zusammen mit einer Äquivalenzrelation. Das Problem ist das Wort *zusammen*, dahinter der Begriff eines *Paares*. Wir setzen voraus:

(a) einen Bereich $\mathcal{K}$, dessen Elemente *Klassen* genannt werden,

(b) eine Abbildung, die jeder Klasse K einen Bereich „zuordnet", den *Grundbereich* $K_\mathcal{B}$ von K,

(c) eine Abbildung, die jeder Klasse K eine Äquivalenzrelation von $K_\mathcal{B}$ zuordnet, die *Gleichheitsbeziehung* $=_K$ von K,

(d) eine Abbildung (etwa /), die jedem Bereich A eine Abbildung (etwa $A/$) zuordnet, die jeder Äquivalenzrelation ρ von A eine Klasse A/ρ zuordnet mit

$$(A/\rho)_\mathcal{B} = A \qquad \text{und} \qquad =_{A/\rho} = \rho.$$

4.2. (a) Elemente x, y einer Klasse K, d.h. von $K_\mathcal{B}$, heißen *gleich* wenn $x =_K y$ ist. Schreibe einfach $x = y$, wie $x \in K$ statt $x \in K_\mathcal{B}$.

(b) Sei U ein Teilbereich von $K_\mathcal{B}$ mit $x=_K \subseteq U$ für alle $x \in U$.
Dann ist $=_K$ auch eine Äquivalenzrelation von U [2.3(b)], und daraus ergibt sich die Klasse $U/=_K$. Beispiele: $U = x=_K$ und jeder leere Teilbereich U.
Bezeichne die Klasse $x=_K/=_K$ mit $\{x\}_K$ oder kurz $\{x\}$.

(c) Eine Klasse L ist eine *Teilklasse* von K – schreibe $L \subseteq K$ – wenn

$$L_\mathcal{B} \subseteq K_\mathcal{B} \quad \text{und} \quad \{x\}_L = \{x\}_K \quad \text{für alle } x \in L.$$

(d) Dual hierzu ist L eine *Faktorklasse* von K, wenn

$$L_\mathcal{B} = K_\mathcal{B} \quad \text{und} \quad \{x\}_L \supseteq \{x\}_K \quad \text{für alle } x \in L.$$

(d) Natürlich heißen K und L *gleich* – schreibe $L = K$ – wenn

$$L_\mathcal{B} = K_\mathcal{B} \quad \text{und} \quad \{x\}_L = \{x\}_K \quad \text{für alle } x \in L.$$

(e) Für Teilklassen X, Y von K gilt $\quad X \subseteq Y \iff X_\mathcal{B} \subseteq Y_\mathcal{B}$.

(f) Um die Klasse $\mathcal{P}(K)$ aller Teilklassen von K zu „definieren", simultan für alle Klassen K, nehmen wir eine Abbildung $\mathcal{P} : \mathcal{K} \to \mathcal{K}$ an mit

$$L \in \mathcal{P}(K) \iff L \subseteq K \quad \text{und} \quad X =_{\mathcal{P}(K)} Y \iff X = Y.$$

Die Teilklasse $\{K\}$ von $\mathcal{P}(K)$ besteht aus allen Klassen $L = K$.

4.3. 4.1(d) erklärt den *Schönfinkelkniff* [17], d.h. wie eine ganz gewöhnliche Abbildung zwei, drei, oder mehr Dingen $a, b, c, \ldots$ etwas zuordnen kann, so als stünden Paare (a, b), Tripel (a, b, c), $\ldots$ zur Verfügung.
Die 2-*variable* Abbildung / in 4.1(d) ordnet A und ρ ein Element von $\mathcal{K}$ zu.

4.4. (a) Für Klassen K, L bedeutet $\alpha : K \to L$ neben $\alpha : K_\mathcal{B} \to L_\mathcal{B}$ noch
$$x\alpha = y\alpha \text{ für alle } x, y \in K \text{ mit } x = y.$$

(b) Die Klasse $\mathcal{F}(K, L)$ all dieser Abbildungen, mit Gleichheitsbeziehung
$$\alpha = \beta \iff x\alpha = y\beta \quad \text{für alle } x \in K,$$
wird analog 4.2(f) eingeführt: Setze eine 2-variable Abbildung f voraus, die K und L die gewünschte Klasse zuordnet; schreibe dann $\mathcal{F}(K, L)$ statt LKf, außerdem $\mathcal{F}(K)$ statt $\mathcal{F}(K, K)$.

(c) Auch für $\mathcal{K}$ anstelle L werden die Aussagen $\alpha : K \to L$ und $\alpha = \beta$ definiert, genau wie oben ($\mathcal{K}$ anstelle K ist irrelevant).

4.5. Eine *Auswahlfunktion* zu $\lambda : K \to \mathcal{K}$ ist eine Abbildung α mit $x\alpha \in x\lambda$ für alle $x \in K$, sowie $x\alpha = y\alpha$ für alle $x, y \in K$ mit $x = y$. Schreibe $\alpha : K \to \lambda$.

Die Klasse all dieser α, das *kartesische Produkt* $\mathcal{F}(K, \lambda)$ der Klassen $x\lambda$ ($x \in K$) wird analog $\mathcal{F}(K, L)$ eingeführt. Sie ist offenbar $= \mathcal{F}(K, L)$ wenn λ die konstante Funktion (d. h. Abbildung) $x \to L$ ist.

4.6. Zu Klassen A, B wird das Produkt $A \times B \in \mathcal{K}$ analog 4.1 eingeführt:

Setze $P \in \mathcal{K}$ voraus sowie Abbildungen $\pi_1 : P \to A$ und $\pi_2 : P \to B$ mit
$$p = q \iff p\pi_1 = q\pi_1 \text{ und } p\pi_2 = q\pi_2,$$
ferner eine 2-variable Abbildung π, die $a \in A$ und $b \in B$ ein p ($= ba\pi$) in P zuordnet mit $p\pi_1 = a$ *und* $p\pi_2 = b$. Schreibe $A \times B$ für P.

Die universelle Verfügbarkeit solcher *Klassenprodukte* erfordert noch vier 2-variable Funktionen, welche $A, B \in \mathcal{K}$ die Objekte P, π_1, π_2, π zuordnen, und diese Funktionen sollten sich mit $\subseteq$ vertragen:

Für $A' \subseteq A$ und $B' \subseteq B$ ist $P' = A' \times B'$ eine Teilklasse von $P = A \times B$, und π_1, π_2, π setzen ihre A'-B'-Analoga π_1', π_2', π' fort.

Natürlich steht (a, b) für $\pi(a, b) = ba\pi$, weiter $A \times B \times C$ für $((A \times B) \times C)$ und (a, b, c) für $((a, b), c)$. Für $p = (a, b, c)$ folgt $a = p\pi_1\pi_1$, $b = p\pi_1\pi_2$ und $c = p\pi_2$, wobei π_i sowohl für $\pi_i(A, B)$ als auch für $\pi_i(A \times B, C)$ steht.

Wir müssen auch von „Paaren" (a, b) reden können, bei denen b irgendwie von a abhängt. Für $A \in \mathcal{K}$ und $\beta : A \to \mathcal{K}$ wird daher die Klasse $P = A \times \beta$ aller Paare (a, b) mit $a \in A$ und $b \in a\beta$ eingeführt. Verfahre analog obigem.

4.7. Es liegt nahe, unter einer Relation einer Klasse eine mit der Gleichheitsbeziehung verträgliche Relation des Grundbereichs zu verstehen. Die folgende Variante wird jedoch im Vordergrund stehen:

Eine *Relation zu* einer Klasse A ist eine Abbildung $\rho : A \to \mathcal{K}$.
Im Falle $\rho : A \to \mathcal{P}(A)$ ist ρ eine *Relation auf* oder *von* A.

5. Existenz von Teilklassen und Abbildungen.

5.1. Mit den folgenden „Axiomen" begegnen uns die ersten wirklich inhaltlichen Voraussetzungen. Die bisherigen Annahmen dienten nur der Einführung gewisser Grundobjekte und -begriffe.

Axiom I [Existenz von Teilbereichen].
Sei A ein Bereich und E eine Eigenschaft von $x \in A$.
Dann hat A einen Teilbereich U mit

$$x \in A \implies x \in U \Leftrightarrow E.$$

Axiom II [Existenz von Auswahlfunktionen].
$\mathcal{F}(K, \lambda)$ ist nichtleer, wenn all die Klassen $x\lambda$ ($x \in K$) nichtleer sind.

Axiom III [Existenz von Relationen].
Zu jeder Teilklasse U von $A \times \beta$ existiert die Abbildung, welche jedem $a \in A$ die Klasse aller $b \in a\beta$ mit $(a, b) \in U$ zuordnet.

5.2. (a) Mittels Axiom II, dem *Auswahlaxiom* nach Zermelo, läßt sich Axiom III dahingehend ergänzen, daß es auch eine Abbildung gibt, welche jedem a ein b mit $(a, b) \in U$ zuordnet, gesetzt es gibt immer ein solches b. Es gibt sogar eine Abbildung, die jedem a, zu dem ein b existiert, ein solches b zuordnet, denn nach 5.3(a) existiert die aus all diesen a's bestehende Teilklasse von A.

(b) Axiom III wird auch mit $B \in \mathcal{K}$ anstelle $\beta : A \to \mathcal{K}$ gebraucht.

Steht die konstante Funktion $\beta : a \to B$ zur Verfügung, so ist das eingeschlossen. Umgekehrt folgt aus Axiom III, mit B anstelle β, sofort die Existenz dieser Funktion. Es macht daher praktisch keinen Unterschied, ob der B-Fall in Axiom II auf- oder die gewünschte Funktion einfach angenommen wird.

Der Einfachheit halber setze ich eine Abbildung voraus, welche jeder Klasse B die konstante Funktion $\kappa_B : x \to B$ ($x \in \mathcal{D}$) zuordnet. Dann gilt $\kappa_B : A \to \mathcal{K}$ für jede Klasse A, genauer $\kappa_B : A \to \mathcal{P}(B)$, auch $\kappa_B : A \to \{B\}$.

(c) Nach Axiom II ist $\mathcal{F}(A, B)$ also nichtleer wenn B nichtleer oder A leer ist. Angewandt auf $\{b\}$ anstelle B, wobei $b \in B$, ergibt sich sofort die Existenz der konstanten Funktion $\kappa_b : x \to b$ (von A in B).

(d) Anhand κ_b läßt sich ein zentrales Problem beschreiben:

A, B, b gegeben, steht κ_b aufgrund 3.4 in einem „Standardbeweis" [3.5] sofort zur Verfügung. Aber welches ES GIBT uns κ_b, wenn A, B, b erst im Laufe eines solchen Beweises auftauchen? Das würde eine 3-variable Funktion f leisten, die A, B, b generell ein $\kappa_b = f(A, B, b)$ zuordnet. Existenz von f genügt, wiederum aufgrund 3.4.

5.3. (a) Axiom I wird gewöhnlich auf den Grundbereich A einer Klasse K angewandt, und ist dann nur von Interesse wenn U mit $=_K$ verträglich ist und damit zu einer Teilklasse $U/=_K$ führt [4.2(b)].

Diese Verträglichkeit ist einem explizit gegebenem E sofort anzusehen, und läßt sich bei allgemeinem E einfach so definieren, daß jedes U verträglich ist. Nenne E dann eine K-*Eigenschaft* (von $x \in K$).

(b) Das Beispiel F anstelle E führt zur Existenz der leeren Teilklasse $\emptyset$. Ich sage „der" und nicht „einer", weil alle leeren Klassen „gleich" sind.

(c) $K = \emptyset$ bzw. $K \neq \emptyset$ dient einfach als Abkürzung für K *ist (nicht) leer*.

(d) Sonstiges Auftreten von $\emptyset$ ist implizit mit der Annahme verbunden, daß $\emptyset$ eine leere Klasse ist. Diese Konvention ist immer zu beachten, wenn ein lediglich existentes Objekt die Bühne betritt. Aus der Sicht eines später folgenden Standardbeweises sind derartige Annahmen redundant.

5.4. Ich wiederhole den in 5.3(a) erarbeiteten Existenzsatz für Teilklassen:

Ist K eine Klasse und E eine K-Eigenschaft von $x \in K$, so hat K eine Teilklasse U mit $x \in U \Leftrightarrow E$ für alle $x \in K$. Schreibe $U = \{x \in K \mid E\}$.

5.5. Sei wieder $A \in \mathcal{K}$, $\beta : A \to \mathcal{K}$ und $P = A \times \beta$. Setze eine *Eigenschaft* E von $x \in A$ *und* $y \in x\beta$ voraus, d. h.

$$(*) \qquad x \in A \text{ und } y \in x\beta \implies E \text{ ist eine Aussage.}$$

Ein explizit gegebenes E läßt sich leicht in eine Eigenschaft E' von $p \in P$ transformieren. Wäre $x + y = 3$ ein Beispiel für E, so wäre $E' \Leftrightarrow p\pi_1 + p\pi_2 = 3$.

Ich arbeite lieber mit der Aussage $E' :\Longleftrightarrow x \in A \wedge y \in x\beta \wedge E$.

Jede Aussage ist eine Eigenschaft von $p \in P$. Somit hat P einen Teilbereich U mit $p \in U \Leftrightarrow E'$ (für alle $p \in P$) und folglich

$$(**) \qquad x \in A \text{ und } y \in x\beta \implies (x,y) \in U \Leftrightarrow E.$$

Nenne – analog 5.3(a) – E eine A-β-*Eigenschaft* (von $x \in A$ und $y \in x\beta$) wenn jedes $(**)$ genügende U mit $=_P$ verträglich ist, und in diesem Falle resultiert aus U die Teilklasse $U/=_P$ von P. Auf diese läßt sich dann Axiom III anwenden, und daraus ergeben sich gewisse Abbildungen:

5.6. Existenzsatz für Abbildungen.

Zu A, β, E wie eben existiert $\sigma : A \to \mathcal{K}$ mit $x\sigma = \{y \in x\beta \mid E\}$.

Existiert zu jedem $x \in A$ ein $y \in x\beta$ mit E, so existiert ein $\alpha : A \to \sigma$, d. h. ein $\alpha : A \to \beta$, welches jedem x ein y mit E zuordnet:

$$x \in A, \ x\alpha = y \in x\beta \implies E.$$

Beides gilt auch für $B \in \mathcal{K}$ anstelle β (und $x\beta$).

Der Fall $A = K \times \gamma$: Sei E' eine (mit $=$ verträgliche) Eigenschaft von $x_1 \in K$, $x_2 \in x_1\gamma$ und $y \in (x_1, x_2)\beta$. Arbeite mit der Aussage $x_1 \in K \wedge x_2 \in x_1\gamma \wedge y \in (x_1, x_2)\beta$ anstelle E. Erhalte σ mit $(x_1, x_2)\sigma = \{y \in (x_1, x_2)\beta \mid E'\}$.

5.6′. Eine meta-mathematische Betrachtung zu 5.6.

Zu jedem $x \in A$ sei ein Element $f(x) \in x\beta$ explizit angegeben, und für $x' = x$ gelte $f(x') = f(x)$. Wende 5.6 an mit $E :\Longleftrightarrow y = f(x)$.
Erhalte $\alpha : A \to \beta$ mit $x\alpha = f(x)$ für alle $x \in A$.

Das vertraute naive „Zuordnen" läßt sich also durchaus über 5.6 realisieren. Beispiel: Das Produkt $\alpha : x \to x\alpha_1\alpha_2$ von $\alpha_1 : A \to M$ und $\alpha_2 : M \to B$.

Der Fall $A = K \times \gamma$: Über $F(x) = f(x\pi_1, x\pi_2)$ läßt sich die analoge Abbildung $(x_1, x_2) \to f(x_1, x_2)$ realisieren.

5.7. Anwendungen von 5.6.

(a) Seien A, B Klassen und ρ eine Relation „zwischen" $A_\mathcal{B}$ und $B_\mathcal{B}$, d. h. für jedes $x \in A$ ist $x\rho$ ein Teilbereich von B. Außerdem sei ρ mit $=_A$ und $=_B$ verträglich, d. h. für $x = x'$ in A und $y = y'$ in B gilt $x\rho y \Leftrightarrow x'\rho y'$.
Wende 5.6 an mit $E \Leftrightarrow x\rho y$. Für $\sigma : A \to \mathcal{P}(B)$ gilt $x\sigma = x\rho/ =_B$.

(b) Ein Beispiel für ρ (mit $A = B$) ist $\rho = =_A$. Hier ist $x\sigma = \{x\}$, und $\alpha : A \to A$ ist „die" *identische Abbildung* von A: $x\alpha = x$ für alle $x \in A$.
Sie hätte auch gut als Beispiel zu 5.6′ getaugt.

(c) Die Abbildung $\gamma : B \to A$ sei surjektiv $[x \in A \Rightarrow \exists\, y \in B$ mit $y\gamma = x]$.
Die B-Version von 5.6, angewandt mit $E :\Leftrightarrow y\gamma = x$, führt jetzt zu einem *Linksinversen* $\alpha : A \to B$ von γ (für $x \in A$ ist $x\alpha\gamma = x$).

5.8. (a) Analog 5.2(d) steht in einem Standardbeweis zwar die identische Abbildung id_A einer gegebenen Klasse A zur Verfügung, auch die einer weiteren Klasse A_1, oder noch einer weiteren Klasse A_2, oder ... , aber die generelle Verfügbarkeit, sozusagen für alle Klassen gleichzeitig, setzt (cum grano salis) eine Abbildung voraus, etwa id, die jedem A sein id_A zuordnet.

(b) Läßt sich die Existenz von id vielleicht über 5.6 beweisen?
Dabei müßte die Klasse aller Klassen die Rolle von A spielen, sie wurde aber bisher nicht eingeführt, d. h. nicht vorausgesetzt. Genauer: es wurde keine Äquivalenzrelation ρ des Bereiches $\mathcal{K}$ vorausgesetzt mit $A\rho B \Leftrightarrow A = B$.
Würde die Russellsche Antinomie das zulassen? Jedes Kind weiß heutzutage wie sie funktioniert: Die Klasse $\mathcal{R}$ aller Klassen K mit $K \notin K$ führt zu einem Widerspruch. Wohl existiert der Teilb e r e i c h $\mathcal{R}$ von $\mathcal{K}$, aufgrund Axiom I; die Existenz der Teilk l a s s e $\mathcal{R}$ (von $\mathcal{K}/\rho$) erfordert aber die Verträglichkeit der Eigenschaft $K \notin K$ mit ρ, d. h. aus $A = B$ und $A \notin A$ müßte auch $B \notin B$ folgen, was ich nicht sehe (vgl. mit II.3.2).

(c) Nanu, wäre die Klasse $\mathcal{K}$ vielleicht doch lebensfähig?

Leider nicht: Nehme sie weiterhin an. Dann steht auch die Klasse $P = \mathcal{P}(\mathcal{K})$ zur Verfügung. Die Eigenschaft $\mathcal{L} \notin \mathcal{L}$ von $\mathcal{L} \in P$ ist mit $=_P$ verträglich (bitte nachprüfen). Nach 5.4 existiert daher die aus allen $\mathcal{L}$ mit $\mathcal{L} \notin \mathcal{L}$ bestehende Teilklasse $\mathcal{R}$ von P. Sie führt über die Lügnerregel 1.6(f), mit $S :\Leftrightarrow \mathcal{R} \in \mathcal{R}$, zu einem Widerspruch.

(d) Damit hat sich nicht nur die Klasse $\mathcal{K}$ erledigt, sondern auch die hypothetische Klasse $\mathcal{P}(\mathcal{K})$ aller „Quasiteilklassen" von $\mathcal{K}$, d. h. aller Klassen $\mathcal{M}$ mit $\mathcal{M}_\mathcal{B} \subseteq \mathcal{K}$, $A =_\mathcal{M} B \iff A = B$ plus $\mathcal{M} \ni A = B \implies B \in \mathcal{M}$.

Nenne ein solches $\mathcal{M}$ auch schlicht eine *Klasse von Klassen*.

(e) Ein weiteres Opfer Russells ist die hypothetische Klasse $F = \mathcal{F}(A, \mathcal{K})$ aller $\alpha : A \to \mathcal{K}$, wobei A irgendeine nichtleere Klasse ist ($=_F$ gemäß 4.4(c)).

Betrachte, um sie zu einem Widerspruch zu führen, zu $x \in A$ die nach 5.4 existente Teilklasse R aller α mit $\alpha \notin x\alpha \subseteq F$ (in der Tat ist diese Eigenschaft von $\alpha \in F$ mit $=_F$ verträglich). Nach 5.2(b) existiert α mit $x\alpha = R$. Wende jetzt die Lügnerregel an mit $S :\Leftrightarrow \alpha \in R$.

(f) Der hypothetische Bereich $\mathcal{D}$ aller Dinge, d. h. Objekte, würde über Axiom I zu dem Bereich $\mathcal{B}$ aller Bereiche führen, und dieser zu dem Bereich $\mathcal{R}$ aller Bereiche A mit $A \notin A$, dieser schließlich über die Lügnerregel, wiederum angewandt mit $S :\Leftrightarrow \mathcal{R} \in \mathcal{R}$, zu einem Widerspruch. Die Option, $\mathcal{D}$ oder $\mathcal{B}$ anzunehmen, ist damit ausgeschlossen.

Es ist unfair, ein einzelnes Objekt oder einen Begriff an sich als in sich widersprüchlich zu diffamieren. Es ist immer ein ganzes Konglomerat von Begriffen und Voraussetzungen, von menschlichen Denk- und Verhaltensweisen, das zu einem Widerspruch führt.

5.9. (a) Es empfiehlt sich, die logische Struktur von (e) etwas genauer zu untersuchen. Aus einem Objekt X_1, der Klasse F, erhalten wir nacheinander die Existenz von Objekten X_2, X_3, X_4, nämlich x, R, α, und dann, diese Objekte vorausgesetzt, einen Widerspruch, d. h. das Urfalsche F. Im Unterschied zu (c) und (f) kann ich von keinem dieser Objekte reden, ohne seine Vorgänger zur Verfügung zu haben.

Deshalb ist es sogar eigentlich unsinnig, von der Existenz von X_2, X_3, X_4 zu reden. Ich korrigiere mich also: X_1 gegeben, existiert X_2; X_1 und X_2 gegeben, existiert X_3; X_1, X_2, X_3 gegeben, existiert X_4; und schließlich: X_1, X_2, X_3, X_4 gegeben, folgt F.

Somit folgt F aus der Vorgabe von X_4, wenn X_1, X_2, X_3 gegeben sind, d. h. X_4 existiert nicht, und damit folgt F schon aus der Vorgabe von X_1, X_2, X_3. So fortfahrend, erkennen wir schließlich X_1 als nichtexistent, wie gewünscht.

(b) In einem Standardbeweis funktioniert also „Existenz" wie gewohnt: Kaum ist ein Objekt als existent erkannt, darf es auch vorausgesetzt werden, und das geschieht – wie oben in (e) demonstriert, auch in 5.6 – automatisch.

Auch alle zu Beginn des Beweises als existent bekannten Objekte treten aus ihrem Schattendasein heraus und stehen voll zur Verfügung.

Das ist aber nur der Hauptaspekt eines allgemeineren Prinzips, und dieses springt sofort ins Auge, wenn man sich vor Augen hält, was die Existenz von X_i definitionsgemäß bedeutet, nämlich S_i^{ff}, wobei S_i die Aussage $X_i \in \mathcal{D} \land E_i$ ist, E_i natürlich die dazugehörige Eigenschaft von X_i. Und die „Vorgabe" von X_i ist einfach die Voraussetzung S_i. Die Essenz von $(*)$ liegt in der Regel 1.6(e).

$(*)$ Wenn Aussagen $S_1, S_2, \ldots$ zu F führen $(S_1 \land S_2 \land \ldots \Rightarrow F)$, wobei jedes S_n nur aufgrund der vorhergehenden S_i eine Aussage zu sein braucht, dann führen auch schon die Aussagen S_1^{ff}, $S_1 \Rightarrow S_2^{ff}$, $S_1 \land S_2 \Rightarrow S_3^{ff}$, $\ldots$ zu F.

(c) In einem Standardbeweis stehen daher alle „ff-Resultate" S^{ff} voll, d. h. ohne ff, zur Verfügung, auch wenn sie logisch voneinander abhängen und erst innerhalb des Beweises gewonnen wurden.

Im Vertrauen darauf brauche ich angesichts eines potentiellen Zwischenresultats S nicht zu grübeln, ob S stabil ist, ob S wirklich gebraucht wird oder vielleicht schon S^{ff} genügt: Wenn S genügt, dann auch S^{ff}.

(d) Noch einige Bemerkungen zum Thema *Widerspruchsbeweis*:

Ein *Satz* geht von einer Voraussetzung S aus und behauptet dann die Wahrheit einer Aussage T. In einem Widerspruchsbeweis wird die Negation von $S \Rightarrow T$ zu einem Widerspruch geführt oder, was nach 1.4(b) (und 1.3(d)) dasselbe bedeutet, die Aussage $S \land T^f$. Damit ist aber nur der stabile Abschluß $(S \Rightarrow T)^{ff}$ bewiesen, das eigentlich erstrebte Resultat $S \Rightarrow T$ also nur wenn es stabil ist, d. h. wenn T auf der Grundlage von S stabil ist [1.5(d)].

Ein ff-Resultat R^{ff} wird gewöhnlich so bewiesen, daß mit Hilfe der durch ff gegebenen Zusatzinformationen R selbst hergeleitet wird [1.3(c)].

Bei einer komplexeren Angelegenheit ist ein Widerspruchsbeweis immer zu empfehlen (auch in Cantors Paradies) weil mit einer geringeren logischen Komplexität behaftet: Explizite Zwischenresultate treten an die Stelle von Bemerkungen, daß man dies oder jenes ohne Beschränkung der Allgemeinheit annehmen könne, wobei logische Abhängigkeiten unter solchen Bemerkungen durchaus ein verwirrendes Ausmaß annehmen können.

5.10. (a) Eine Faktorklasse K/ρ, genauer $K_\mathcal{B}/\rho$, einer Klasse K erfordert eine Äquivalenzrelation ρ des Grundbereiches $K_\mathcal{B}$ von K. Ohne eine passende Voraussetzung führt kein Weg von einer Klassenrelation ρ zu der entsprechenden Bereichsrelation ρ' (mit $x\rho'y \Leftrightarrow x\rho y$, d. h. $x\rho' = (x\rho)_\mathcal{B}$).

(b) Deshalb setze ich eine 2-variable Funktion voraus, welche $K \in \mathcal{K}$ und $\rho : K \to \mathcal{K}$ die Relation $\rho_\mathcal{B}$ zu $K_\mathcal{B}$ zuordnet mit $x\rho_\mathcal{B} = x\rho_\mathcal{B}$ für alle $x \in K$.

Schreibe K/ρ statt $K_\mathcal{B}/\rho_\mathcal{B}$, wenn ρ eine Äquivalenzrelation von K ist.

(c) Sei ρ wie eben und τ irgendeine mit ρ verträgliche Relation von K. Nach 5.6 existiert die Relation σ (schreibe τ/ρ) von K/ρ mit $x\sigma = x\tau/\rho$, d. h.

$$x\sigma y \;\Leftrightarrow\; x\tau y \;\text{ für alle } \; x, y \in K.$$

(d) Die identische Abbildung χ von K ist zugleich surjektiv von K auf K/ρ, und nach 5.7(c) existiert ein Linksinverses $\chi' : K/\rho \to K$.

(e) Der geschmeidige Begriff einer Faktorklasse – und damit die ihn erst aktivierende Voraussetzung (b) – ist nicht wirklich wesentlich:
Die zu $\rho : K \to \mathcal{P}(K)$ gehörige Partition $K\rho$ von K kann K/ρ ersetzen. K/ρ als Ersatz für $K\rho$ anzupreisen ist mir allerdings Herzenssache.

Erläuterung. $K\rho$ ist das noch zu „definierende" Bild von K unter ρ.

6. Mengen.

Nehme eine Klasse $\mathcal{M} \neq \emptyset$ von Klassen an, *Mengen* genannt, weiter:

(1) Die Aussage $x = y$ ist definit für Elemente x, y einer Menge.

(2) Teilklassen von Mengen sind Mengen (*Teilmengen* genannt).

(3) Faktorklassen von Mengen sind Mengen (*Faktormengen* genannt).

(4) Die Klasse $\mathcal{P}(A)$ aller Teilmengen einer Menge A ist eine Menge.

(5) $A \times B$ und $A \times \beta$ sind Mengen für $A, B \in \mathcal{M}$ und $\beta : A \to \mathcal{M}$.

(6) Ebenso $\mathcal{F}(A, B)$ und $\mathcal{F}(A, \beta)$.

(7) $\alpha : A \to K$ surjektiv mit $A \in \mathcal{M}$ und $K \in \mathcal{K}$ impliziert $K \in \mathcal{M}$.

(8) $\alpha : K \to A$ injektiv mit $A \in \mathcal{M}$ und $K \in \mathcal{K}$ impliziert $K \in \mathcal{M}$.

Bezeichne diese „Mengenaxiome" mit $\mathcal{M}_1, \mathcal{M}_2, \ldots, \mathcal{M}_8$.

6.1. Es gibt eine leere Menge (wegen $\mathcal{M} \neq \emptyset$, 5.3(b) und (2)).

6.2. Es gibt eine nichtleere Menge (wegen $\mathcal{M} \neq \emptyset$ und (4)).

6.3. Für Teilmengen A, B einer Menge ist die Aussage $A = B$ definit [(1)(4)].

1. Starke Existenz.

1.1. Die Dinge schlagen jetzt eine Richtung ein, die aufgrund der weiteren Axiome I$^+$ und II$^+$ die gerade eben erst herausdestillierten logischen Feinheiten obsolet erscheinen läßt, ja sogar die grobe und oberflächliche Denkweise der r. e. Mathematik voll zu rehabiltieren scheint.

Tatsächlich handelt es sich um eine Weggabelung, und anstatt beide Wege gleichzeitig zu diskutieren, wähle ich zuerst den bequemeren und begehe dann den anderen, feinsinnigeren, für den eben diese Feinheiten essentiell sind.

Axiom I$^+$. $\wp$ ist eine 2-variable Abbildung, welche jedem Bereich A und jeder Aussage S einen Teilbereich $SA\wp$ von A zuordnet mit

$$x \in A \implies x \in SA\wp \Leftrightarrow S.$$

Axiom II$^+$. ℓ ist eine Abbildung, welche jeder nichtleeren Klasse A ein Element $\ell(A) \in A$ zuordnet, mit $\ell(A) = \ell(B)$ wenn $A = B$.

Axiom I$^+$ erfordert noch eine Voraussetzung: jede Aussage ist ein Objekt[45].

Es impliziert Axiom I, denn dort ist $x \in A \wedge E$ eine Aussage, nenne sie S, mit $x \in A \implies S \Leftrightarrow E$. Axiom II$^+$ soll eigentlich nur in jedem A ein Element explizit benennen. Daher sollte es genügen, eine 2-variable Funktion ℓ' vorauszusetzen (mit = verträglich), welche A und λ in Axiom II eine Auswahlfunktion zuordnet. Schreibe dann $\ell(A)$ statt $A\ell'(\{A\}, \kappa_A)$ [III.5.2(b)].

Die „starken" Axiome laufen darauf hinaus, daß *Existenz* so gut wie immer in vertrauter Weise gehandhabt werden kann: Was existiert, steht sofort für jeden beliebigen Zweck zur Verfügung, weil explizit benennbar.

Auf Ausnahmen von dieser Regel wird immer ausdrücklich hingewiesen, sie beruhen auf zu großer Nähe zu $\mathcal{K}$, letzlich auf der in 5.8 nachgewiesenen Nichtexistenz der Klassen $\mathcal{K}$, $\mathcal{P}(\mathcal{K})$, $\mathcal{F}(A, \mathcal{K})$.

So wie Axiom I wird I$^+$ auf den Grundbereich einer Klasse K angewandt. Das führt zu folgendem Analogon von 5.4:

1.2. Starke Existenz von Teilklassen.

Sei K eine Klasse und E eine K-Eigenschaft von $x \in K$.

Schreibe S für $x \in K \wedge E$, und U für $SK_\mathcal{B}\wp$. Dann ist U ein unter $=_K$ abgeschlossener Teilbereich von K mit $x \in U \Leftrightarrow E$ für alle $x \in K$.

Bezeichne die Teilklasse $U/=_K$ mit $\{x \in K \mid E\}$.

---

[45]Das erlaubt, den eigenständigen Grundbegriff eines Bereiches zu eliminieren:

Verstehe unter einem Bereich eine Abbildung A, derart daß xA immer (für jedes Objekt x) eine Aussage ist. Schreibe $x \in A$ statt xA.

Außerdem läßt sich III.1.4(d)(e) nun so ausdrücken:

Es gibt keine indefinite und keine instabile Aussage.

1.3. Daraus resultieren die folgenden Teilklassen einer Klasse K (die durch 1.2 gegebene explizite Darstellung weicht jeweils einer vertrauteren Notation):

die leere Teilklasse $\emptyset(K) = \{x \in K \mid x \notin K\}$,

das „Komplement" $K \setminus A = \{x \in K \mid x \notin A\}$ einer Teilklasse A,

Durchschnitt $A \cap B$ und Vereinigung $A \cup B$ von Teilklassen A, B,

Durchschnitt $\bigcap_{\mathcal{A}}$ und Vereinigung $\bigcup_{\mathcal{A}}$ aller $A \in \mathcal{A}$, wobei $\mathcal{A} \subseteq \mathcal{P}(K)$,

der Durchschnitt $\langle X \rangle_{\mathcal{A}}$ aller $A \supseteq X$ in $\mathcal{A}$,

die Teilklassen $\mathcal{P}^*(K)$, $\mathcal{P}^\#(K)$ und $\mathcal{P}(K|X)$ von $\mathcal{P}(K)$, bestehend aus allen Teilklassen $\neq K, \neq \emptyset, \supseteq X$ von K ($X \subseteq K$).

Generell soll der Zusatz $|X$ auf Teilklassen $\supseteq X$ beschränken, der Zusatz $*$ auf echte Teilklassen, und der Zusatz $\#$ auf nichtleere Klassen. So ist $\mathcal{M}^\#$ die Klasse aller nichtleeren Mengen. Sie ist nichtleer [6.2].

Bezeichne die leere Menge $\emptyset(\ell(\mathcal{M}))$ mit $\emptyset$. Es folgt $(\emptyset =) \emptyset(K) \in \mathcal{M}$.

1.4 Auch die formalen Definitionen (im Sinne von 1.2) für die zu $\alpha : A \to B$ gehörigen Bildungen überlasse ich dem Leser:

das Urbild $Y\alpha^{-1} \subseteq A$ von $Y \subseteq B$, bestehend aus den $x \in A$ mit $x\alpha \in Y$,

das (volle) Urbild $y\alpha^{-1} \subseteq A$ von $y \in B$, bestehend aus den $x \in A$ mit $x\alpha = y$,

das Bild $X\alpha \subseteq B$ von $X \subseteq A$, bestehend aus den $y \in B$ mit $y\alpha^{-1} \cap X \neq \emptyset$.

Die Teilklassen $\mathrm{Inj}(A, B)$, $\mathrm{Sur}(A, B)$, $\mathrm{Bij}(A, B)$ von $\mathcal{F}(A, B)$ sollen natürlich aus allen injektiven, surjektiven, bijektiven $\alpha : A \to B$ bestehen.

Im Falle $A = B$ schreiben wir $\ldots (A)$, analog $\mathcal{F}(A)$.

1.5. Sei wieder $\mathcal{A} \subseteq \mathcal{P}(K)$. Nenne die A's in $\mathcal{A}$ *abgeschlossen*, und nehme an, daß jeder Schnitt von A's wieder abgeschlossen ist. Dann ist $\langle X \rangle_{\mathcal{A}}$ die von X *erzeugte* abgeschlossene Teilklasse von K, kurz das *$\mathcal{A}$-Erzeugnis* oder der *$\mathcal{A}$-Abschluß* von X. Ein besonders schönes und einfaches Beispiel ist

$$\mathcal{A} = \mathcal{P}_\alpha(K) = \{A \in \mathcal{P}(K) \mid x\alpha \in A \text{ für alle } x \in A\},$$

wobei $\alpha : K \to K$. Erhalte das α-Erzeugnis $\langle X \rangle_\alpha = \langle X \rangle_{\mathcal{A}}$ von $X \subseteq K$.

1.6. „Starke" Existenz von Abbildungen mit vorgegebenen Eigenschaften ist eine typische Anwendung von ℓ. Hauptbeispiele sind

$$\mathrm{id}_K = \ell(\{\alpha \in \mathcal{F}(K) \mid x\alpha = x \text{ für alle } x \in K\})$$
$$\alpha^{-1} = \ell(\{\beta \in \mathcal{F}(B, A) \mid y\beta\alpha = y \text{ für alle } y \in B\})$$
$$\alpha\beta = \ell(\{\gamma \in \mathcal{F}(A, C) \mid x\gamma = x\alpha\beta \text{ für alle } x \in A\})$$

zu Klassen K, A, B, C sowie $\alpha : A \to B$ (bijektiv für α^{-1}), und $\beta : B \to C$.

Nach 5.7(b)(c) und 5.6' ist die jeweilige Klasse $\{\ldots\}$ nichtleer.

1.7. Für $A, B \subseteq M \in \mathcal{M}$ und $a \in M$ sind die Aussagen $A = B$, $A \subseteq B$ und $a \in B$ definit (also stabil).

Beweis. Nach 6.3 ist $A = B$ definit, und mit $A \subseteq B \iff A = A \cap B$ und $a \in B \Leftrightarrow \{a\} \subseteq B$ folgt das übrige.

1.8. (a) In $\mathcal{M}_7$ – und genauso in $\mathcal{M}_8$ – genügt die Existenz von α.

Ist nämlich $\mathrm{Sur}(A, K)$ nicht leer, so ist $\alpha = \ell(\mathrm{Sur}(A, K))$ wie gewünscht.

(b) Folgerung: Jede einelementige Klasse ist eine Menge.

Neben $K \neq \emptyset$ soll K *einelementig* noch $K = \{x\}$ für alle $x \in K$ bedeuten. Für $A = \ell(\mathcal{M}^\#)$ folgt $\mathcal{F}(A, K) = \mathrm{Sur}(A, K)) \neq \emptyset$ [5.2(c)].

Bemerkung. In $\mathcal{M}_{7,8}$ genügt auch die Existenz von A.

1.9. Sei K eine Klasse, $x, y \in K$ und $X, Y \subseteq K$.

Dann sind die Aussagen $x = y$, $X = Y$, $X \subseteq Y$ und $x \in Y$ definit.

Beweis. Die Teilmenge $U = \{x\} \cap Y$ der Menge $\{x\}$ [1.8(b)] ist $\neq \{x\}$ oder $= \{x\}$, und $= \{x\}$ bedeutet $x \in Y$. Anwendung auf $\{y\}$ anstelle Y ergibt $x = y \vee x \neq y$, und dasselbe gilt somit für $X, Y \in \mathcal{P}(K)$. Wende nun wieder $X \subseteq Y \iff X = X \cap Y$ an.

1.10. Insbesondere ist die Eigenschaft $U = \emptyset$ einer Klasse U definit, und über den Klassenexistenzsatz [1.2] folgt, daß jede mit $=_K$ verträgliche Eigenschaft E der Elemente x einer Klasse K definit ist: $x \in K \Rightarrow E \vee E^f$.

Beispiel: Die Eigenschaften *injektiv, surjektiv, bijektiv* von $\alpha \in \mathcal{F}(A, B)$.

Beachte auch, daß wir die Gänsefüßchen um das Wort *Komplement* in 1.3 jetzt streichen können: jedes $x \in K$ liegt oder liegt nicht in A. Somit gilt

$$K = A \mathbin{\dot{\cup}} K \setminus A \quad \text{für} \quad A \subseteq K \in \mathcal{K}.$$

1.11. Fortsetzung von Klassenabbildungen.

Setze Klassen A, B voraus und eine Teilklasse $U \subseteq A$.
Dann existiert zu $\lambda : U \to B$ und $\lambda' : A\backslash U \to B$ eine Fortsetzung $\alpha : A \to B$.

Beweis. Wende den Existenzsatz für Abbildungen an [III.5.6], mit

$$E :\iff (x \in U \ \wedge \ x\lambda = y) \ \vee \ (x \in A \setminus U \ \wedge \ x\lambda' = y).$$

1.12. Folgerungen (für Klassen A, B).

(a) Zu $U \subseteq A$ und $\lambda : U \to B \ (\neq \emptyset)$ existiert eine Fortsetzung $\alpha : A \to B$.

(b) Zu $\alpha \in \mathrm{Inj}(A, B)$ existiert $\beta : B \to A$ mit $\alpha\beta = \mathrm{id}_A$.

(c) Zu $a, b \in A$ existiert die *Transposition* $\tau_{a,b}$ von A.
Sie vertauscht a, b und fixiert jedes $x \in A \setminus \{a, b\}$.

2. Mathematische Strukturen.

Nach dem Prinzip *pars pro toto* konzentriere ich mich auf Strukturen, die für die Wiederbelebung von Teil I relevant sind. Die Grundtypen sind

eine Menge M zusammen mit einer Relation $\rho : M \to \mathcal{P}(M)$,

eine Menge M zusammen mit einer (inneren) Verknüpfung $\mu : M \times M \to M$,

eine Menge M zusammen mit einer (äußeren) Verknüpfung $\nu : M \times A \to M$, relativ zu einer Menge A.

Dementsprechend rede ich von einem *Gemenge*, einem *Monoid,* einer *A-Menge*. Bei μ und ν könnten wir genausogut eine 2-variable Abbildung vorsehen, genauer $\mu \in \mathcal{F}(M, \mathcal{F}(M))$ bzw. $\nu \in \mathcal{F}(A, \mathcal{F}(M))$. Der Leser entscheide sich und bezeichne die Menge aller μ's bzw. ν's mit $\mathrm{Op}(M)$ bzw. $\mathrm{Op}_A(M)$, die Menge aller ρ's mit $\mathrm{Rel}(M)$.

Die Abbildungen $\mathrm{Rel}, \mathrm{Op}, \mathrm{Op}_A : \mathcal{M} \to \mathcal{M}$ existieren [III.5.6'] und führen zu den Klassen $\mathcal{M} \times \mathrm{Rel}, \mathcal{M} \times \mathrm{Op}, \mathcal{M} \times \mathrm{Op}_A$ aller Gemenge, Monoide, A-Mengen; diese Strukturen sind also nun tatsächlich Objekte. Ein ν ist eine *Operation von A auf M*, und ein μ ist eine (2-stellige) Operation in/von/auf M.

Halbgruppen und Gruppen sind spezielle Monoide, und (wohl)geordnete Mengen (Geomengen, Womengen) sind spezielle Gemenge.

Zu komplexeren Strukturen (Ringe, geordnete Gruppen, A-Moduln etc.) führt derselbe Prozeß, immer wieder angewandt auf die bereits vorliegenden Klassen (oder Teilklassen derselben) anstelle $\mathcal{M}$.

Ich behaupte, daß Teil I auf der neuen Grundlage gültig bleibt (Aufbau des Zahlensystems plus Extras), der Leser möge die Details überprüfen. Ich komme auf die Sache unter schwächeren Voraussetzungen noch zurück (in V.2).

In einem gewissen Sinne gilt Teil I sogar für Klassen. Das ist eigentlich nicht weiter verwunderlich, denn wie wir in §1 sahen, verhalten sich Klassen fast genau wie Mengen. Ein wesentlicher Unterschied besteht gerade darin, daß sich – in Ermangelung eines Klassenanalogons von $\mathcal{M}$ – obiges für Klassen anstatt Mengen nicht nachvollziehen läßt. Trotzdem läßt sich natürlich von einzelnen Klassen und einzelnen Verknüpfungen sowie Relationen reden, unter Verwendung der für Mengen entwickelten Terminologie. Wenn beispielweise von einer geordneten Klasse (Geoklasse) K die Rede ist, so soll damit nur angedeutet sein, daß zu der Klasse K auch noch eine Ordnungsrelation $\leq$ gegeben ist.

Und der Ausdruck Pseudo-Geokörper soll analog andeuten, daß neben einer Klasse noch zwei Verknüpfungen vorliegen, Addition und Multiplikation, weiter eine (lineare) Ordnungsrelation $\leq$, und daß diese vier Objekte sich so verhalten, wie es in einem geordneten Körper die Regel ist. Die injektive Abbildung $\mathcal{P} : \mathcal{M} \to \mathcal{M}$ mit $\emptyset \notin \mathcal{MP}$ führt – wie in I beschrieben – zu Geoklassen vom Typ $I\!N$ und $Z\!\!Z$, dann weiter zu einem Pseudo-Georing vom Typ $Z\!\!Z$ und schließlich zu einem vollständigen Pseudo-Geokörper.

3. Kardinal- und Ordinalzahlen.

3.1. Zu dem in §2 summarisch abgehandelten Stoff gehören die Aussagen $|A| \leq |B|$ und $|A| = |B|$ für Mengen A, B, allgemeiner für Klassen. Sie führen über III.5.6 sofort zu Relationen $\prec$ und $\simeq$ von $\mathcal{M}$ mit

$$A \prec B \iff |A| \leq |B| \qquad A \simeq B \iff |A| = |B|.$$

Wie $\simeq$, eine Äquivalenzrelation, ist $\prec$ reflexiv und transitiv, ferner mit $\simeq$ verträglich und anti-symmetrisch modulo $\simeq$, nach dem Satz von Schröder-Bernstein [I.6.6]. Außerdem ist $\prec$ linear [I.6.5(a)].

Über III.5.10 erhalten wir die Faktorklasse $\mathcal{C} = \mathcal{M}/\simeq$ mit einer linearen Ordnungsrelation $\leq$, ferner Abbildungen $\chi : \mathcal{M} \to \mathcal{C}$ und $\chi' : \mathcal{C} \to \mathcal{M}$ mit

$$\chi'\chi = \mathrm{id}_{\mathcal{C}} \qquad A\chi = B\chi \iff A \simeq B \qquad A\chi \leq B\chi \iff A \prec B.$$

Sei $M\chi = x \in \mathcal{C}$. Aufgrund $\mathcal{M}_7$ ist der (untere) Abschnitt $X = \mathcal{C}_x = \mathcal{C}_{\leq x}$ eine Menge, denn schon aus der Definition von $|A| \leq |B|$ folgt $\mathcal{P}(M)\chi = X$.

Das Hauptresultat: $\leq$ ist eine Wohlordnung von $\mathcal{C}$ [I.6.5(b)].

3.2. Analog führt die Klasse $\mathcal{W}$ aller Womengen zu der linearen Geoklasse $\mathcal{O} = \mathcal{W}/\simeq$, mit Abbildungen $\omega : \mathcal{W} \to \mathcal{O}$ und $\omega' : \mathcal{O} \to \mathcal{W}$, derart daß

$$\omega'\omega = \mathrm{id}_{\mathcal{O}} \qquad V\omega = W\omega \iff V \simeq W \qquad V\omega \leq W\omega \iff V \nearrow W.$$

Jetzt steht $\simeq$ natürlich für die Isomorphie wohlgeordneter Mengen, und $V \nearrow W$ bedeutet, daß V zu einem Abschnitt von W isomorph ist [I.6].

Daß $\leq$ tatsächlich eine lineare Ordnungsrelation ist, beruht einzig und allein auf Cantors Isomorphiesatz [I.6.4]. Und aus ihm ergibt sich auch $\mathcal{A}(W)\omega = X$, wobei analog obigem $W\omega = x \in \mathcal{O}$ und $X = \mathcal{O}_x$, und wieder ist X eine Menge.

Eine Relation ρ einer Klasse K *induziert* auf jeder Teilklasse U eine Relation von U, nämlich $\rho_U : u \to u\rho \cap U$ (existent nach III.5.6, wie auch $U \to \rho_U$).

Daraus ergibt sich die lineare Geomenge $V = (X, \leq_X)$.

Die Ordinalzahlen $\leq x$ entsprechen 1 zu 1 den Abschnitten von W (wiederum nach Cantors Satz) und da W isomorph ist zur (durch $\subseteq$ geordneten) Menge $\mathcal{A}^*(W)$ der echten Abschnitte von W, folgt $W \simeq V_x$ ($= \mathcal{O}_{<x}$), d. h. $\mathcal{O}_{<x}$ repräsentiert x. Da $\leq$ linear ist und mit W auch X wohlgeordnet, erweist sich $\leq$ wieder als Wohlordnung. Da eine Womenge nicht zu einem echten Abschnitt isomorph sein kann [I.6.4(a)], kann $\mathcal{O}$ keine Menge sein.

3.3. Für jede Klasse K gilt $|\mathcal{P}(K)| \not\leq |K|$.

Beweis. Zu injektivem $\alpha : \mathcal{P}(K) \to K$ existiert nach III.5.4 die Teilklasse

$$R = \{x \in K \mid \exists\, X \subseteq K \text{ mit } X\alpha = x \notin X\}$$

von K (die angegebene Eigenschaft von $x \in K$ ist mit $=_K$ verträglich).

Wende die Lügnerregel an [III.1.6(f)], mit $S :\Leftrightarrow x \in R$ wobei $x = R\alpha$.

3.4. Angewandt auf Mengen folgt aus 3.3, daß die Woklasse $\mathcal{C}$ kein Maximum hat und somit unendlich ist. Da jede Menge (sogar jede Klasse) eine Wohlordnung hat [I.5.7], folgt dasselbe für $\mathcal{O}$.

Eine Woklasse ist genau dann endlich, wenn sie ein Maximum – und jedes nichtminimale Element einen Vorgänger hat. Die Vereinigung der endlichen Abschnitte von $\mathcal{C}$ ist daher vom Typ $I\!N$ (mit A ist auch $A^+ = A \cup \{f^+(A)\}$ endlich). Sie ist in allen unendlichen Abschnitten enthalten, ist also ihr Schnitt, außerdem der einzige Abschnitt vom Typ $I\!N$.

Mit $\mathcal{C}$ wäre auch die Teilklasse $\mathcal{M}' = \mathcal{C}\chi'$ von $\mathcal{M}$ eine Menge, also auch die Klasse $\mathcal{W}' = \mathcal{M}' \times \mathrm{Rel}_w$ aller Womengen mit Grundmenge in $\mathcal{M}'$, also auch $\mathcal{W}'\omega = \mathcal{O}$, ein Widerspruch. Somit ist auch $\mathcal{C}$ keine Menge.

3.5. Nach Cantors Satz [I.6.4 für Woklassen] ist $\mathcal{C} \nearrow \mathcal{O}$ oder $\mathcal{C} \swarrow \mathcal{O}$.

In beiden Woklassen K ist jeder echte Abschnitt eine Menge, aber K ist keine Menge. Also sind $\mathcal{C}$ und $\mathcal{O}$ isomorph [1.8(a)]. Für jede endliche Woklasse E ist $E \nearrow K$, denn $K \nearrow E$ ist nicht möglich. Daher ist E eine Menge, und somit ist jede endliche Klasse eine Menge (folgt auch direkt).

Aus I.6.4 folgt auch sofort, daß jede unendliche Klasse eine unendliche Menge enthält, vorausgesetzt eine solche existiert. Nenne $\mathcal{M}$ dann *vollständig*.

3.6. Es ist leicht zu sehen, daß die (nach III.5.4 existente) Klasse aller endlichen Mengen ebenfalls den „Mengenaxiomen" in III.6 genügt. Wie steht es generell mit derartigen *Mengensystemen*? Sei $\mathcal{M}'$ eins mit $\mathcal{M}' \not\subseteq \mathcal{M}$.
Behauptung: $\mathcal{M} \subseteq \mathcal{M}'$.

Wähle $K \in \mathcal{M}'$ mit $K \notin \mathcal{M}$. Für $A \in M$ gilt $|K| \leq |A|$ oder $|A| \leq |K|$.
Im ersten Falle läge K doch in $\mathcal{M}$ [1.8(a)].
Und im zweiten Falle liegt analog A in $\mathcal{M}'$.

3.7. Der nichtleere Bereich $\mathcal{L}$ bestehe aus Quasiteilklassen $\mathcal{Q}$ von $\mathcal{K}$, d.h. aus „Klassen von Klassen" [III.5.8(d)]. Dann existiert der Schnitt aller $\mathcal{Q}$, und zwar als Teilklasse eines jeden $\mathcal{Q}$ (wende auf $\mathcal{Q}$ den Existenzsatz für Teilklassen an [III.5.4 oder 1.2]).

Können wir hier von *starker* Existenz reden? Nur relativ zu $\mathcal{Q}$.

3.8. $\mathcal{M}$ sei vollständig. Nach I.5.9(b) existiert eine Womenge vom Typ $I\!N$. Jede Woklasse vom Typ $I\!N$ ist zu ihr isomorph [6.7], ist also eine Menge.

Die Pseudo-Zahlenwelt in §2 ist also die ganz gewöhnliche, und sie gehört zu jedem vollständigen Mengensystem.

Nach Axiom I$^+$ existiert der Bereich ($\subseteq \mathcal{K}$) aller vollständigen Mengensysteme, und nach 3.7 existiert auch ihr Schnitt, eine Teilklasse von $\mathcal{M}$. Sie ist d a s minimale vollständige Mengensystem.

Können wir h i e r von starker Existenz reden? Ja, weil $\mathcal{M}$ gegeben ist.

MATHEMATIK OHNE STARKE EXISTENZ

1. Existenz multivariabler Abbildungen.

1.1. Im letzten Teil dieses Opus wollen wir der Frage nachgehen, inwieweit sich das in Teil IV erreichte auch ohne die starken Axiome I$^+$ und II$^+$ erreichen läßt, also allein unter den Voraussetzungen in Teil III.

Kern der Sache ist die von III.5.2(d) ausgehende Botschaft, daß als Ersatz für starke Existenz die Existenz multivariabler Abbildungen in ausreichendem Umfang nachgewiesen werden muß. Die Hauptresultate hierzu folgen gleich.

Hinfällig ist die Bemerkung in IV.1.8, daß in $\mathcal{M}_{7,8}$ die Existenz von α ausreiche, denn für $K \in \mathcal{K}$ braucht die Aussage $K \in \mathcal{M}$ nicht stabil zu sein.

Anders als in Teil IV ist eine leere Klasse auch nicht unbedingt eine Menge.

1.2. Zu einer Klasse K existieren die leere Teilklasse $\emptyset$, die identische Abbildung id_K, sowie die Teilklassen $\mathcal{P}^{\#}(K)$ und $\mathcal{P}^*(K)$ von $\mathcal{P}(K)$.

Ferner die Funktionen welche

(1) jedem $A \subseteq K$ das Komplement $K \setminus A$ (mit $K = A \,\dot\cup\, K \setminus A$),

(2) jedem $X \subseteq K$ die Teilklasse $\mathcal{P}(K|X)$ von $\mathcal{P}(K)$,

(3) jedem $\mathcal{A} \subseteq \mathcal{P}(K)$ Schnitt $\bigcap_\mathcal{A}$ und Vereinigung $\bigcup_\mathcal{A}$ aller $A \in \mathcal{A}$, sowie

(4) jedem $\alpha \in \mathcal{F}(K)$ die Teilklasse $\mathcal{P}_\alpha(K)$ von $\mathcal{P}(K)$

zuordnen.

Ferner die 2-variablen Funktionen welche

(5) $A, B \subseteq K$ Schnitt $A \cup B$ und Vereinigung $A \cup B$,

(6) $X \subseteq K$ und $\mathcal{A} \subseteq \mathcal{P}(K)$ den Schnitt $\langle X \rangle_\mathcal{A}$ aller $A \supseteq X$ in $\mathcal{A}$, sowie

(7) $X \subseteq K$ und $\alpha \in \mathcal{F}(K)$ den Schnitt $\langle X \rangle_\alpha$ aller α-invarianten $A \subseteq K$

zuordnen.

1.3. (a) Zu Klassen A, B existieren die Teilklassen Inj/Sur/Bij(A, B), von $\mathcal{F}(A, B)$, sowie die 2-variablen Funktionen, welche $\alpha : A \to B$ und $X \subseteq A$, $Y \subseteq B$, $y \in B$ das Bild $X\alpha$ und das Urbild $Y\alpha^{-1}$ bzw. $y\alpha^{-1}$ zuordnen, und es existiert die Abbildung, welche jedem surjektiven α ein Linksinverses $\beta : B \to A$ zuordnet (bei bijektivem α mit α^{-1} bezeichnet).

(b) Zu Klassen A, B, C existiert die 2-variable Funktion, welche $\alpha : A \to B$ und $\beta : B \to C$ das Produkt $\alpha\beta : A \to C$ zuordnet.

(c) Zusätzlich existieren die Abbildungen, welche jeder M e n g e K die in 1.2 aufgeführten Objekte (insbesondere die 9 Funktionen) zuordnen, und des weiteren existieren 2- bzw. 3-variable Abbildungen, welche Mengen A, B, C die Objekte in (a) und (b) zuordnen. Das hat den Effekt, daß alle aufgeführten Objekte – zu Mengen K, A, B, C gehörig – im Rahmen eines Standardbeweises frei zur Verfügung stehen [III.5.9(b)].

1.4. Fortsetzungssatz.

(a) Zu $A, B \in \mathcal{K}$ und $U \subseteq A$ existiert eine 2-variable Abbildung, welche $\lambda : A \to B$ und $\lambda' : A \setminus U \to B$ eine Fortsetzung $\alpha : A \to B$ von λ und λ' zuordnet.

(b) Es gibt eine 3-variable Abbildung, welche $A, B \in \mathcal{M}$ und $U \subseteq A$ die (2-variable) Abbildung in (a) zuordnet.

Man kann jeweils noch hinzufügen, daß α die einzige Fortsetzung ist.
Aber: Folgt jeweils $\alpha = \alpha'$ für Fortsetzungen α, α'?

(c) Auch die Folgerung IV.1.12 bleibt analog angepaßt gültig.

(d) Kombiniert mit III.5.6, auch 5.6′, rechtfertigt der Fortsetzungssatz das vertraute stückweise „Definieren" von $\alpha : A_1 \,\dot\cup\, A_2 \to \beta$ (oder B):
Kreiere zunächst $\alpha_i : A_i \to \beta$ $(x_i \to y_i)$, dann α.

1.5. Die Existenz der (2- bzw. 3-variablen) „kleinen" Schnittfunktion $\cap$:

(1) Nehme $K \in \mathcal{K}$ und $A \subseteq K$ an.
Nach III.5.6 $\exists\, \sigma : \mathcal{P}(K) \to \mathcal{P}(K)$ mit $B\sigma = \{y \in K \mid y \in A \wedge y \in B\}$.
Mit $A_1 = B_1 = \mathcal{P}(K)$ und $\alpha_1 = \sigma$ gilt $\alpha_1 \in \mathcal{F}(A_1, B_1)$.

(2) Zu $K \in \mathcal{K}$ setze $A_2 = \mathcal{P}(K)$ und $B_2 = \mathcal{F}(A_1, B_1)$.
Dann $\exists\, \alpha_2 : A_2 \to B_2$ derart daß $A\alpha_2$ ist wie α_1 in (1) [III.5.6].

(3) Zu $A_3 = \mathcal{M}$ $\exists\, \beta_3 : A_3 \to \mathcal{M}$ mit $K\beta_3 = \mathcal{F}(A_2, B_2)$ [III.5.6′].
β_3 gegeben, $\exists\, \alpha_3 : A_3 \to \beta_3$ derart daß $K\alpha_3$ ist wie α_2 in (2) [III.5.6].
$\exists$ eine Abbildung α_3, derart daß $K\alpha_3$ für $K \in \mathcal{M}$ immer ist wie α_2 in (2).

Ankündigung: Schreibe künftig (in § 1) schlicht 5 statt III.5.

1.6_{ff} Für $A, B \subseteq M \in \mathcal{M}$ ist die Aussage $A \subseteq B$ definit, ebenso $A = \emptyset$.

Der Zusatz ff deutet an, daß nicht die zur Schau gestellte Aussage S behauptet wird, sondern nur ihr stabiler Abschluß S^{ff}. Der Witz eines solchen ff-Resultats liegt darin, daß es in einem Standardbeweis voll – ohne ff – zur Verfügung steht. Das wurde ziemlich allgemein in 5.9 diskutiert.

Somit stehen umgekehrt alle ff-Resultate für den Beweis eines solchen voll zur Vefügung, so wie alle existenten Objekte.

Im Beweis von 1.6_{ff} dürfen wir also frei von $A \cap B = A \cap_M B$ reden, wie auch von der leeren Menge $\emptyset$ ($\subseteq M$). Und dann genügt der Hinweis, daß $A \subseteq B$ gleichwertig ist mit der nach 6.3 definiten Aussage $A \cap B = A$.

1.7. (a) Nenne eine Klasse K *regulär*, wenn für $x, y \in K$ und $X, Y \subseteq K$ die Aussagen $x = y$, $x \in Y$, $X = Y$, $X = \emptyset$, $X \subseteq Y$ definit sind.

Mit 1.6_{ff} gilt somit (jede Menge ist regulär)^{ff}, oder, etwas schöner ausgedrückt, *modulo ff ist jede Menge regulär*.

(b) Nenne K ff-regulär (modulo ff regulär) wenn $(K$ regulär$)^{ff}$ gilt. Nach III.1.6(d) ist das äquivalent zur Summe der Einzelaussagen:

$(1)_{ff}$ $x, y \in K$ $\Rightarrow$ $x = y$ ist definit.

$(2)_{ff}$ $X, Y \in \mathcal{P}(K)$ $\Rightarrow$ $X = Y$ ist definit.

$(3)_{ff}$ $X, Y \in \mathcal{P}(K)$ $\Rightarrow$ $X \subseteq Y$ ist definit.

$(4)_{ff}$ $x \in K$, $Y \in \mathcal{P}(K)$ $\Rightarrow$ $x \in Y$ ist definit.

$(5)_{ff}$ $X \in \mathcal{P}(K)$ $\Rightarrow$ $X = \emptyset$ (X ist leer) ist definit.

(c) K ist ff-regulär.

Im Beweis steht die Schnittfunktion $\cap = \cap_K$ für Teilklassen von K zur Verfügung [1.5], außerdem eine nichtleere Menge A [III.6.2]. Ist f eine Funktion, die jedem $x \in K$ ein $\alpha : A \to \{x\}$ zuordnet, so folgt $\{x\} \in \mathcal{M}$ für jedes x, und das genügt, um den Beweis von IV.1.9 zu übernehmen. Zur Existenz von f:

Die Funktion $x \to \mathcal{F}(A, \{x\})$ von K in $\mathcal{P}(\mathcal{F}(A, K))$ resultiert aus 5.6', und f ist eine Auswahlfunktion (nach 5.2.(c) ist $\mathcal{F}(A, \{x\})$ nicht leer).

In einem Standardbeweis können (und werden) alle Mengen als regulär angenommen werden. Auch einzelne explizit genannte (oder benennbare) Klassen, wenn sie von Anfang an im Spiel waren. Übrigens ist 1.6_{ff} mit der Existenz einer Klasse $\mathcal{M}' = \mathcal{M}$ äquvalent, derart daß alle $M \in \mathcal{M}'$ regulär sind; analog die ff-Regularität von K mit der Existenz einer regulären Klasse $K' = K$.

1.8. Die Existenz der in 1.2 + 1.3(c) angekündigten Funktionen zu $K \setminus A$:

(1) OBdA ist K regulär, und nach 5.6 existiert $\sigma : \mathcal{P}(K) \to \mathcal{P}(K)$ mit $A\sigma = \{y \in K \mid y \notin A\}$, also $K = A \,\dot{\cup}\, A\sigma$.

(2) Zunächst existiert $\beta : \mathcal{M} \to \mathcal{M}$ mit $K\beta = \mathcal{F}(\mathcal{P}(K))$ [5.6'], und nach 5.6 dann $\alpha : \mathcal{M} \to \beta$, derart daß $K\alpha$ (immer) ist wie σ in Schritt 1.

1.9. (a) Das dritte (und letzte) Beispiel betrifft den Fortsetzungssatz 1.4, das komplexeste der oben angekündigten Resultate. Die Schritte (0)(1)(2) erledigen die Klassenversion 1.4(a). Dann kann man eigentlich gleich zu (b) übergehen.

(0) Fixiere $A, B, U, \lambda, \lambda'$. Dann ergibt sich α aus 5.6, angewandt mit

$$E :\Longleftrightarrow (x \in U \,\wedge\, x\lambda = y) \,\vee\, (x \in A \setminus U \,\wedge\, x\lambda' = y).$$

(1) Fixiere A, B, U, λ. Setze $A_1 = A \setminus U$ und $B_1 = \mathcal{F}(A, B)$. Nach 5.6 $\exists\ \alpha_1 : A_1 \to B_1$ derart daß $\lambda'\alpha_1$ immer ist wie α in (0).

(2) Fixiere A, B, U. Setze $A_2 = U$ und $B_2 = \mathcal{F}(A_1, B_1)$. Nach 5.6 $\exists\ \alpha_2 : A_2 \to B_2$ derart daß $\lambda\alpha_2$ immer ist wie α_1 in (1).

(3) Fixiere $A, B \in \mathcal{M}$ und setze $A_3 = \mathcal{P}(A)$. Zunächst $\exists\ \beta_3 : A_3 \to \mathcal{M}$ mit $U\beta_3 = \mathcal{F}(A_2, B_2)$ [5.6']. Nach 5.6 $\exists\ \alpha_3 : A_3 \to \beta_3$ derart daß $U\alpha_3$ immer ist wie α_2 in (2).

(4) Fixiere $A \in \mathcal{M}$ und setze $A_4 = \mathcal{M}$.
Zunächst $\exists \ \beta_4 : A_4 \to \mathcal{M}$ mit $B\beta_4 = \mathcal{F}(A_3, \beta_3)$ [5.6'].
Nach 5.6 $\exists \ \alpha_4 : A_4 \to \beta_4$ derart daß $B\beta_4$ immer ist wie α_3 in (3).

(5) Setze $A_5 = \mathcal{M}$. Zunächst $\exists \ \beta_5 : A_5 \to \mathcal{M}$ mit $A\beta_5 = \mathcal{F}(A_4, \beta_4)$ [5.6'].
Nach 5.6 $\exists \ \alpha_5 : A_5 \to \beta_5$ derart daß $A\alpha_5$ immer ist wie α_4 in (4).

Dieses Argument ist (lehrreicherweise) massiv inkorrekt, denn β_3 existiert erst nach Vorgabe von A und B. Der Ausdruck „$B\beta_4 = \mathcal{F}(A_3, \beta_3)$" in (4) ist daher völlig sinnlos. Die Lösung: Es gibt eine 2-variable Funktion, welche $A, B \in \mathcal{M}$ ein β_3 zuordnet (Übungsaufgabe). Diese darf von Anfang an vorausgesetzt werden. Damit ist β_3 in (3) gegeben, und in (4) können wir etwa $B\beta_4 = \mathcal{F}(A_3, \beta_3(A, B))$ schreiben, analog $A\beta_5 = \mathcal{F}(A_4, \beta_4(A))$ in (5).

(b) Es folgt eine weitere Version des Fortsetzungssatzes 1.4(b), die dasselbe leistet, nämlich in einem Standardbeweis bei gegebenen $A, B, U, \lambda, \lambda'$ die Fortsetzung α zur Verfügung zu stellen:

Setze die Funktionen zu $A \setminus U$ voraus [1.8], sowie die unten aufgeführten Funktionen γ_i. Sie existieren alle. Setze $P = \mathcal{M} \times \mathcal{M} \times \gamma_1 \times \gamma_2 \times \gamma_3$ mit

$\gamma_1 : \mathcal{M} \times \mathcal{M} \to \mathcal{M} \qquad (A, B)\gamma_1 = \mathcal{P}(A)$

$\gamma_2 : \mathcal{M} \times \mathcal{M} \times \gamma_1 \to \mathcal{M} \qquad (A, B, U)\gamma_2 = \mathcal{F}(U, B)$

$\gamma_3 : \mathcal{M} \times \mathcal{M} \times \gamma_1 \times \gamma_2 \to \mathcal{M} \qquad (A, B, U, \lambda)\gamma_3 = \mathcal{F}(A \setminus U, B)$

Dann existiert auch die Funktion μ, welche $(A, B, U, \lambda, \lambda') \in P$ die Fortsetzung $\alpha \in \mathcal{F}(A, B)$ von λ und λ' zuordnet.

Die Existenz von γ_i folgt jeweils über 5.6'.
Genauso die von $\beta : P \to \mathcal{M}$ mit $(A, B, U, \lambda, \lambda')\beta = \mathcal{F}(A, B)$.
Und das ersehnte $\mu : P \to \beta$ ergibt sich dann über 5.6 (beachte (a)(0)).

In einem Standardbeweis dürfen nacheinander die Funktionen in 1.8, die γ_i, P, β und schließlich μ vorausgesetzt werden.

(c) Das sieht deutlich klobiger aus als das elegante 1.4(b), aber mit der Formulierung hat sich der Beweis auch praktisch schon erledigt. Ich empfehle, die neue Methode auch an 1.5 und 1.8 zu erproben.

Die ihr eigene Einfachheit und Effektivität erklärt sich damit, daß mit dem Begriff einer Produktklasse ja zusätzliche Voraussetzungen verbunden sind, und so erklärt sich auch, daß eine multivariable Funktion f, die etwa Objekten x_1, x_2 ein Element einer Klasse B zuordnet, über 5.6' sofort zu der entsprechenden Funktion $P \to B$ führt, wenn $P = K \times \sigma$ aus den Paaren (x_1, x_2) besteht.

(d) Läßt sich das umkehren? Um eine Funktion f zu gewinnen, welche jedem $x_1 \in K$ ein gewisses $f_1 : x_1\sigma \to B$ zuordnet, brauchen wir die Abbildung $x_1 \to \mathcal{F}(x_1\sigma, B)$. Dieses $\alpha : K \to \mathcal{K}$ existiert wenn σ konstant ist, und auch (über 5.6') wenn B und alle $x_1\sigma$ Mengen sind, denn dann wäre $\alpha : K \to \mathcal{M}$.

1.10. Eine multivariable – auch im Sinne einer auf einer passenden Produktklasse „definierten" Abbildung ordnet auf eine gewisse Weise Objekten $x_1, x_2, x_3, \ldots, x_n$ einer gewissen Art ein Objekt y einer gewissen Art zu.

Das Existenzproblem wird jetzt ausreichend allgemein erörtert und gelöst.

Es handelt sich nur um eine meta-mathematische Betrachtung. Sie erklärt, wie die Aufgabe sich im Einzelfall routinemäßig erledigen läßt.

Setze eine Klasse K_1 voraus. Zu $x_1 \in K_1$ sei eine Klasse $K_2 = f_1(x_1)$ explizit gegeben, zu $x_1 \in K_1$ und $x_2 \in K_2$ dann eine Klasse $K_3 = f_2(x_1, x_2)$, $\ldots$, und so geht es weiter bis hin zu der Klasse $K_{n+1} = f_n(x_1, x_2, \ldots, x_n)$.

Für jedes i sei f_i konstant oder $f_i(\ldots)$ (immer) eine Menge.

Dann sei für jedes $i = 1, \ldots, n+1$ eine Eigenschaft E_i gegeben: E_1 von $x_1 \in K_1$, E_2 von $x_1 \in K_1$ – mit E_1 – und $x_2 \in K_2$, $\ldots$, schließlich E_{n+1} von $x_1, x_2, \ldots, x_n$ – mit $E_1, \ldots, E_n$ – und $x_{n+1} \in K_{n+1}$. Letzteres E_{n+1} soll nie leer sein, und selbstverständlich sollen die E_i wie die f_i mit = verträglich sein.

Immer wenn Objekte $x_1, x_2, \ldots x_n$ mit den Eigenschaften $E_1, E_2, \ldots E_n$ gegeben sind, soll die erstrebte Funktion μ in Aktion treten und ihnen ein $x_{n+1} \in K_{n+1}$ mit Eigenschaft E_{n+1} zuordnen (das obige y).

Beispiel: In 1.9(b) ist $K_1 = K_2 = \mathcal{M}$, $K_3 = \mathcal{P}(x_1)$, $K_4 = \mathcal{F}(x_3, x_2)$, $K_5 = \mathcal{F}(x_1 \setminus x_3, x_2)$, $K_6 = \mathcal{F}(x_1, x_2)$, und E_6 ist die Eigenschaft von $x_6 \in K_6$, x_4 und x_5 fortzusetzen (die übrigen E_i kommen nicht vor, sie sind trivial).

Der Fall $n = 2$ ist schon allgemein genug. Wähle sicherheitshalber $n = 3$.

Als erstes münzen wir die „Pseudofunktionen" f_i in richtige um (die γ_i). Außer bei konstantem f_i gilt immer $\gamma_i : \ldots \to \mathcal{M}$, entscheidend für die Anwendung von 5.6' (konstante γ_i ergeben sich aus 5.2(b)):

$\exists \gamma_1 : K_1 \to \mathcal{K}$ mit $x_1 \gamma_1 = f_1(x_1)$,

γ_1 gegeben, $\exists \gamma_2 : K_1 \times \gamma_1 \to \mathcal{K}$ mit $(x_1, x_2)\gamma_2 = f_2(x_1, x_2)$,

γ_1, γ_2 gegeben, $\exists \gamma_3 : K_1 \times \gamma_1 \times \gamma_2 \to \mathcal{K}$ mit $(x_1, x_2, x_3)\gamma_3 = f_3(x_1, x_2, x_3)$.

Setze die γ_i voraus. Über 5.6, angewandt mit γ_i anstelle β, werden jetzt die E_i eliminiert. Zunächst existiert $K = \{x_1 \in K_1 \mid E_1\}$ [5.4].

K gegeben, $\exists \sigma_1 : K \to \mathcal{K}$ mit $x_1 \sigma_1 = \{x_2 \in x_1 \gamma_1 \mid E_2\}$.

K, σ_1 gegeben, $\exists \sigma_2 : K \times \sigma_1 \to \mathcal{K}$ mit $(x_1, x_2)\sigma_2 = \{x_3 \in (x_1, x_2)\gamma_2 \mid E_3\}$.

Und dann, K, σ_1, σ_2 gegeben, $\exists$ schließlich $\sigma_3 : K \times \sigma_1 \times \sigma_2 \to \mathcal{K}$ mit

$$(x_1, x_2, x_3)\sigma_3 = \{x_4 \in (x_1, x_2, x_3)\gamma_3 \mid E_4\},$$

und zu σ_3 gehört eine Auswahlfunktion μ.

In einem Standardbeweis steht alles existente zur Verfügung, und μ ordnet dann einem Tripel (x_1, x_2, x_3) mit E_1, E_2, E_3 das gewünschte y zu.

Aus 1.9(d) läßt sich die Lehre ziehen, daß auch das ursprünglich angepeilte n-variable μ existiert, falls $f_n(\ldots)$ immer eine Menge ist oder alle f_i konstant ist. Das dürfte für Standardanwendungen genügen (ist aber irrelevant).

2. Rückschau auf Teil I.

Zu der Frage, was unter einer mathematischen Struktur zu verstehen ist, habe ich (neben Fußnote 46) der Diskussion in IV.2 nur wenig hinzuzufügen.

Das Beispiel *Gruppe*: Eine solche ist nach IV.2 ein „Paar" (M, μ), wobei M eine Menge und μ eine „Gruppenoperation" auf M ist. Genauer ist G ein Element einer gewissen Art der Klasse $\mathcal{M} \times \mathrm{Op}$, der Gruppenbegriff erfordert also die Vorgabe der Abbildung $\mathrm{Op} \colon \mathcal{M} \to \mathcal{M}$ (oder einer analogen Abbildung $\mathrm{Op_{gr}}$). Jetzt können wir aber nur noch auf die reine (schwache) Existenz von Op bauen, und das erinnert an die Konvention III.5.3(d).

Mit ihr gibt es ein kleines Problem, und zwar im Zusammenhang mit der Formulierung eines Satzes S, wenn der angesprochene „spätere" Standardbeweis gerade der Beweis von S ist; dann müssen die implizit gemachten Annahmen den Voraussetzungen von S hinzugerechnet werden, gewiß ein Schönheitsfehler, wenn auch für weitere Anwendungen unerheblich. Die Sache läßt sich dann in der Weise bereinigen, daß S so detailliert formuliert wird, daß nichts lediglich existentes mehr vorkommt. Nur Puristen werden tatsächlich so verfahren, den übrigen genügt das Wissen, S so formulieren zu können. Ein Beispiel ist 1.4 mit $A \setminus U$; füge etwa $V = \{x \in A \mid x \notin U\}$ als weitere Variable ein.

Die Aufgabe, S zu *reduzieren*, zu *sezieren*, erinnert an die früheren Versuche, Begriffe von der Mengen- auf die Klassenebene zu verlagern, beispielsweise von einer Klasse K UND einer Ordungsrelation auf K zu reden statt von einer *geordneten Menge*, oder von einer Klasse G UND einer Gruppenoperation auf G statt von einer *Gruppe*[46]. Es bietet sich an, die entsprechenden Umschreibungen, wie *Geoklasse* und *Pseudogruppe* weiterzuverwenden, a priori weiter auf der Klassenebene. Nicht mehr in vollem, aber doch noch in weitem Umfang bleibt Teil I dann auch für Klassen gültig, und zwar weil innerhalb einer Klasse, auch zwischen einigen Klassen, weitgehend gearbeitet werden kann wie auf der reinen Mengenebene. Man denke nur an die ff-Regularität einer Klasse, wie an die Existenzsätze für Teilklassen und Klassenabbildungen.

Zwar wird die Klasse $\mathcal{G}$ aller Gruppen gebraucht, um mittels multivariabler Abbildungen GLOBAL alle möglichen Objekte zur Verfügung zu stellen, wie das Zentrum $Z(G)$, das Einselement 1 von G, das Inverse x^{-1}[47]. Aber LOKAL, d. h. bezüglich einer einzelnen Pseudogruppe G, genügt die Existenz der Funktionen $x \to x^{-1}$ und $U \to Z(U)$ (1 existiert sowieso), wobei U die „Untergruppen" von G durchläuft, Teilklassen mit den bekannten Eigenschaften (eine Untergruppe einer Gruppe ist eine Gruppe mit den bekannten Eigenschaften).

---

[46]Oder von einer Klasse T UND $\mathcal{O} \subseteq \mathcal{P}(T)$ statt von einem *topologischen Raum*, im Sinne eines Elementes von $\mathcal{M} \times \mathcal{P}^2$ (mit gewissen Eigenschaften).

[47]Die zur Entwicklung einer mathematischen Theorie gehörigen „Definitionen" stellen – abgesehen von reinen Begriffserklärungen – grundsätzlich nichts anderes dar als eine lange Liste von existenten multivariablen Abbildungen. Es genügt aber, das zu wissen, jede altvertraute Definition unausgespochen so zu verstehen.

Betrachten wir als Beispiel für unser zu reduzierendes, zu sezierendes, auf die Klassenebene zu transformierenden S den Satz I.1.4.

I.1.4(neu). Sei G eine dichte und archimedische Pseudo-Geogruppe. Dann existiert eine vollständige Pseudo-Geogruppe H mit folgt:

(1) H ($\subseteq \mathcal{P}(G)$) ist die Klasse der speziellen Abschnitte von G.

(2) Die Addition auf H ist wie in 1.2.

(3) Für die Ordnungsrelation $\leq$ auf H gilt $X \leq Y \Leftrightarrow X \supseteq Y$.

(3) Es gibt einen Monomorphismus $\gamma : G \to H$ mit

(a) $x \in a\gamma \Leftrightarrow a < x$ ($\forall\, a, x \in G$),

(b) es gibt eine dichte Teilklasse B von H mit $G\gamma = B$.

Nur äußerlich wurde in (b) die III.5.3(d)-Freiheit verletzt: $G\gamma = B$ ist nur eine Umschreibung von $b \in B \Leftrightarrow \exists\, a \in G$ mit $a\gamma = b$. Analog hätte ich in (a) auch einfach $a\gamma = G_a$ schreiben können und $H = S(G)$ in (1).

Unter der Existenz von H ist natürlich die Existenz einer Klasse H zu verstehen, derart daß eine Addition und eine Ordnungsrelation auf H mit den gewünschten Eigenschaften existieren.

In der neuen Formulierung ist I.1.4 ein Existenzsatz und damit stabil.

Überhaupt sollte ein „richtiger" Satz mit eigenständigem Informationsgehalt von Natur aus stabil sein[48]. Am Rande sei bemerkt, daß *dicht, archimedisch, vollständig* als (Nicht)Existenzeigenschaften stabil sind.

Die Hauptresultate zum Thema *Zahlensystem* sind Existenzsätze analog I.1.4. Sie kulminieren in der Existenz eines vollständigen Geokörpers, auf der Basis einer unendlichen Menge (eine unendliche Klasse erhält man, wie in IV.2 bemerkt, geschenkt). Einige Hilfssätze, wie I.1.3, bedürfen des Zusatzes ff. Die Existenz der involvierten Abbildungen, insbesondere Relationen, ergibt sich aus III.5.6 oder auch aus dem Fortsetzungssatz 1.4.

Von besonderem Interesse ist der f-Kettensatz I.5.5, jetzt so formuliert:

Es gibt eine f-Kette $V \notin \mathcal{A}$, welche die Vereinigung aller f-Ketten ist.

---

[48]Das fehlende $\vee$ in III.1.5(c) scheint das in Frage zu stellen.

Die Essenz eines Odersatzes S, etwa $U \Rightarrow T_1 \vee T_2$, liegt jedoch in der Möglichkeit, eine Aussage $U \Rightarrow V$ durch Inspektion der Fälle T_i zu beweisen, und dafür genügt S^{ff}, vorausgesetzt $U \Rightarrow V$ ist stabil, d. h. V ist stabil auf der Basis von U.

Übrigens bedeutet S^{ff} nichts anderes als $U \implies T_1^f \Rightarrow T_2$ wenn T_2 stabil ist, und genau das pflegt man gewöhnlich zu beweisen und anzuwenden. Siehe auch III.1.4(c).

Jeder Klassifikationssatz, wie der über die endlichen einfachen Gruppen, ist ein Beispiel für einen allgemeinen Odersatz S (mit mehreren T_i, alle stabil).

Zur Erhellung: Daß eine bestimmte Person P sich in Tokio, Chicago, Oslo, oder sich in einem von hundert explizit genannten bayerischen Dörfern aufhält, interessiert, wenn überhaupt, wohl nur insofern, als P jedenfalls (in jedem Falle) nicht in der näheren Umgebung von beispielsweise Hamburg anzutreffen ist (P ist halt mal weg).

Damit liegt der Satz als Existenzsatz und de facto in reduzierter Form vor (trotz $\mathcal{A}^*$, f^+ und „Vereinigung", analog (b) in I.1.4(neu)). Im Beweis steht alles existente zur Verfügung, als erstes die Vereinigung V und die Relation $\leq\colon V \to \mathcal{P}(V)$ auf V, welche jedem $x \in V$ die Klasse aller $y \in M$ zuordnet, derart daß eine f-Kette A (plus $\leq_A$) existiert mit $x, y \in A$ und $x \leq_A y$. Zudem ist die Klasse (!) M regulär [1.7], wesentlich für den Hauptbeweisschritt (1)?

Zu I.6.2: Die 2-variable Funktion $p : (A, \alpha) \to \alpha^+$ müßte vorausgesetzt werden. Auf der Mengenebene ist dann (wie immer) alles perfekt: Es gibt eine 5-variable Funktion, welche W, M, A_0, α_0, p die Fortsetzung α zuordnet mit

$$(*) \qquad p(A, \alpha) = \alpha \quad \text{auf} \quad A^+ \quad \text{(für alle } A\text{)}.$$

Für den Beweis (gemäß 1.10) wäre noch die Menge $f(W, M, A_0)$ aller p's bereitzustellen (das 3-variable f existiert), und in einer konkreten Anwendungssituation (wie 6.3) wäre die Existenz des gewünschten p nachzuweisen.

Auf der Klassenebene, wenn M nur als Klasse vorausgesetzt ist, entsteht dabei ein sattsam bekanntes Problem: die Existenz von $\beta : \mathcal{A}^*(W) \to \mathcal{K}$ mit $A\beta = \mathcal{F}(A, A^+)$. Arbeite daher mit $q : \mathcal{A}^*(W) \to \mathcal{F}(W, M)$ anstelle p (ersetze p durch q in $(*)$). Teste beide Versionen anhand 6.3.

Bemerkung am Rande: Von der Einschränkung $\alpha_{|A}$ zu reden, kann nur den Sinn haben, das Augenmerk auf die Werte $x\alpha$ der Elemente $x \in A$ zu richten.

Zu I.6.4: Der Beweis läßt sich mühelos auf die Klassenebene übertragen, man muß nur $(a)_{ff}$ schreiben, denn in einer Klasse ist Gleichheit nicht unbedingt stabil, und ohnehin $(b)_{ff}$ wegen „oder". Die Definitheit der Aussage $W \nearrow W'$ ist zwar gegeben (im Beweis), aber nicht entscheidend [III.1.4(c)].

Um 6.1 anwenden zu können, braucht man die Abbildung $A \to \alpha_A$ von $\mathcal{B}$ in W'; ihre Existenz ergibt sich natürlich aus III.5.6.

Zu I.6.5: Schreibe $(b)_{ff}$ (wegen „oder"). Dann ergibt sich in der Tat alles sofort aus dem Isomorphiesatz $[I.6.4(b)_{ff}]$ und dem Wohlordnungssatz [I.5.7], und zwar für Klassen. Zu (b): $K \in \mathcal{A}$ besitzt eine Wohlordnung, die Klasse aller zu einem $A \in \mathcal{A}$ gleichmächtigen Abschnitte von K existiert und hat ein Minimum M. Ein $A \in \mathcal{A}$ mit $|A| = |M|$ ist dann wie gewünscht.

Die Beziehung $A \nearrow B$ ist wie $|A| \leq |B|$ auch für Klassen transitiv.

Der Satz von Schröder-Bernstein [I.6.6] ist ein Existenzsatz. So genügt I.5.8$(a)_{ff}$, und die Existenz von γ ergibt sich aus dem Fortsetzungssatz [1.4].

Zu I.7: Auch für Klassen ist *endlich* eine stabile Eigenschaft, denn *surjektiv* ist als Existenzeigenschaft stabil. Das ist für die Standardcharakterisierung der Unendlichkeit (sie folgt aus III.3.3(b)) nicht wesentlich, wohl aber für die Stabiltät von 7.2, und diese erlaubt, die Transposition $\tau_{a,b}$ zu verwenden [1.4(d)].

Zu I.8: Um endliche Summen und Produkte in kommutativen Halbgruppen universell zur Verfügung zu haben, wenn auch nur auf der Mengeneben, müssen wir uns noch der Existenz der 3-variablen Funktion $(W, H, h) \to \pi$ vergewissern. Das ist kein Problem, weil neben der Klasse aller endlichen Mengen auch die aller kommutativen Halbgruppen existiert. Nenne diese Funktion Π (bei additiver Notation Σ). Sie ist eine 4-variable Funktion, welche W, H, h, X ($X \subseteq W$) ein Element von H zuordnet, das *Produkt* oder die *Summe* der Elemente h_i ($i \in X$); die Variable X kann man dann eigentlich weglassen, weil W nun variabel ist (setze $X = W$).

Den Beweis des Satzes würde ich jetzt so organisieren, daß nur von π_{W_1} Gebrauch gemacht und $\pi(X)$ als $\pi_{W_1}(X)$ oder $\pi_{W_1}(X \cap W_1)h(x)$ definiert wird, je nachdem ob $X \subseteq W_1$ oder $X \not\subseteq W_1$ ist (W ist OBdA regulär).

3. Kardinal- und Ordinalzahlen.

Ich will jetzt beschreiben, was von IV.3 ohne die dort obwaltende starke Existenz noch an wesentlichem übrigbleibt. Da nur in einem Standardbeweis auf alle ff-Resulate (und alle existenten Objekte) zugegriffen werden kann, empfiehlt es sich, die Grundeigenschaften von $\mathcal{C}$ und $\mathcal{O}$ in ihre Existenz einzubeziehen. Ganz nach Belieben können weitere Regularitätseigenschaften im Umfeld von $\mathcal{C}$ und $\mathcal{O}$ hinzugefügt werden. Die jeweilige Ordnungsrelation $\leq$ ist auch so definit, wie jede Relation einer regulären Klasse.

Ich setze die Klasse $\mathcal{W}$ aller wohlgeordneten Mengen mit den Relationen $\simeq$ und $\nearrow$ voraus (alles existiert). Dann existieren isomorphe wohlgeordnete reguläre Klassen $\mathcal{C}$ und $\mathcal{O}$ mit Abbildungen

$$\chi : \mathcal{M} \to \mathcal{C} \quad \text{und} \quad \chi' : \mathcal{C} \to \mathcal{M} \quad \text{sowie} \quad \omega : \mathcal{W} \to \mathcal{O} \quad \text{und} \quad \omega' : \mathcal{O} \to \mathcal{W}$$

und folgenden weiteren Eigenschaften.

(a) $\chi'\chi = \mathrm{id}_{\mathcal{C}}$ $\quad A\chi = B\chi \iff |A| = |B|$ $\quad A\chi \leq B\chi \iff |A| \leq |B|$

(b) $\omega'\omega = \mathrm{id}_{\mathcal{O}}$ $\quad A\omega = B\omega \iff A \simeq B$ $\quad A\omega \leq B\omega \iff A \nearrow B$

(c) $\mathcal{C}$ und $\mathcal{O}$ sind unendlich ohne Maximum und sind keine Mengen.

(d) Für jedes Element x in $\mathcal{C}$ oder $\mathcal{O}$ ist die Klasse $x \geq$ der Elemente $y \leq x$ eine Menge, und in $\mathcal{O}$ ist $x >$ als (wohl)geordnete Menge isomorph zu $x\omega'$.

Damit in $\mathcal{C}$ und $\mathcal{O}$ von den Klassen und „Womengen" $x \geq$ und $x >$ geredet werden kann, muß neben den (existenten) Relationen $\geq$ und $>$ auch noch jeweils die (existente) Abbldung vorausgesetzt werden, welche jeder Teilklasse U die auf U induzierte Ordnungsrelation $\leq_U : u \to u \leq \cap U$ zuordnet (vgl. mit ρ_U und $U \to \rho_U$ in IV.3.2). Ist jede beschränkte Teilklasse eine Menge?

Cantors Satz 3.3 gilt weiter, und modulo ff gelten die Bemerkungen in 3.4 über endliche Abschnitte einer unendlichen Woklasse, ebenso die Aussagen in 3.5 - 3.8 über endliche Klassen und „Mengensysteme" analog $\mathcal{M}$.

LITERATUR.

1. Bernays, P.: Hilberts Untersuchungen über die Grundlagen der Arithmetik.
   Hilberts Ges. Werke III (Springer, Berlin 1935), 197–216.

2. – – Erwiderung auf die Note von Herrn Aloys Müller: „Über Zahlen als Zeichen".
   Math. Ann. 90 (1923), 159–163.

3. – – und Fraenkel, A. A.: Axiomatic set theory.
   North Holland Publishing Co., Amsterdam 1958.

4. Bolzano, B.: Philosophie der Mathematik oder Beiträge zu einer begründeteren
   Darstellung der Mathematik. Verlag Carl Widtmann, Prag 1810.

5. Cantor, G.: Beiträge zur Begründung der transfiniten Mengenlehre.
   Math. Ann. 46 (1895), 481–512.

6. Dedekind, R.: Stetigkeit und irrationale Zahlen.
   Vieweg, Braunschweig 1872.

7. – – Was sind und was sollen die Zahlen?
   Vieweg, Braunschweig 1888.

8. Fraenkel, A.: Die Gleichheitsbeziehung in der Mengenlehre.
   J. f. Math. 157 (1926), 79–81.

9. – – Untersuchungen über die Grundlagen der Mengenlehre.
   Math. Z. (1925), 250–273.

10. Hilbert. D.: Neubegründung der Mathematik. Erste Mitteilung.
    Abh. Math. Sem. Univ. Hbg. 1 (1922), 157–177).

11. – – Über das Unendliche. Math. Ann. 95 (1925), 161–190.

12. – – Die Grundlegung der elementaren Zahlenlehre.
    Math. Ann. 104 (1931), 485–494.

13. – – Beweis des Tertium non datur. Nachr. Ges. Wiss. Göttingen (1931).

14. Kneser, H.: Das Auswahlaxiom und das Lemma von Zorn.
    Math. Z. 96, 62–63 (1967).

15. Kronecker, L.: Über den Zahlbegriff. J. f. Math. 101 (1887), 337–355.

16. Müller, A.: Über Zahlen als Zeichen. Math. Ann. 90 (1923), 153–158.

17. Schönfinkel, M.: Über die Bausteine der mathematischen Logik.
    Math. Ann. 92 (1924), 305–316.

18. Wittenberg, A. I.: Vom Denken in Begriffen.
    [Untertitel:] Mathematik als Experiment des reinen Denkens.
    Birkhäuser, Basel 1957.

19. Zermelo. E.: Neuer Beweis für die Möglichkeit einer Wohlordnung.
    Math. Ann. 65 (1908), 107–128.

20. – – Untersuchungen über die Grundlagen der Mengenlehre. I
    Math. Ann. 65 (1908), 261–281.

21. – – Über den Begriff der Definitheit in der Axiomatik.
    Fund. Math. 14 (1929), 339–344.